U0379576

高职高专制药技术类专业系列规划教材

生物分离与纯化技术

主　编　洪伟鸣

副主编　李存法　张俊霞

参　编　(以姓氏笔画为序)

史　瑞　张　璨　张晓峰　崔潇婷

主　审　曹　飞　左伟勇

重庆大学出版社

内容提要

本书系统地介绍了生物分离与纯化过程的相关理论、基本技术和应用等方面的内容。全书共分为 10 章，主要包括绪论、预处理技术、固液分离技术、细胞破碎技术、萃取技术、沉淀技术、层析技术、膜分离技术、结晶技术、干燥技术及实训项目，各部分在依循系统性的同时，兼备科学性、先进性和实用性，各章还附有小结和复习思考题，以便于读者自学和更好地掌握相关内容。

本书既可供高职高专院校制药技术、制药工程、生物技术及应用、生物工程等相关专业学生使用，也可供从事生物分离与纯化技术领域的相关人士参考。

图书在版编目(CIP)数据

生物分离与纯化技术/洪伟鸣主编.—重庆:重
庆大学出版社,2015.8(2023.1 重印)
高职高专制药技术类专业系列规划教材
ISBN 978-7-5624-9274-0

Ⅰ.①生… Ⅱ.①洪… Ⅲ.①生物工程—分离—高等
职业教育—教材②生物工程—提纯—高等职业教育—教材
Ⅳ.①Q81

中国版本图书馆 CIP 数据核字(2015)第 148717 号

生物分离与纯化技术

主 编 洪伟鸣
策划编辑:袁文华

责任编辑:袁文华 版式设计:袁文华
责任校对:关德强 责任印制:赵 晟

*
重庆大学出版社出版发行
出版人:饶帮华
社址:重庆市沙坪坝区大学城西路 21 号
邮编:401331
电话:(023) 88617190 88617185(中小学)
传真:(023) 88617186 88617166
网址:http://www.cqup.com.cn
邮箱:fxk@ cqup.com.cn (营销中心)
全国新华书店经销
POD:重庆新生代彩印技术有限公司

*
开本:787mm×1092mm 1/16 印张:8.75 字数:218 千
2015 年 8 月第 1 版 2023 年 1 月第 2 次印刷
印数:2 001—3 000
ISBN 978-7-5624-9274-0 定价:25.00 元

本书如有印刷、装订等质量问题,本社负责调换

版权所有,请勿擅自翻印和用本书
制作各类出版物及配套用书,违者必究

前 言

生物分离与纯化技术是现代生物工程技术中极其重要的组成部分,也是相关产业中使用最普遍的技术。该课程在生物工程与生物技术人才培养中具有重要的作用,是生物制药专业、生物技术专业的核心课程之一,课程内容涵盖广泛,包括预处理技术、固液分离技术、细胞破碎技术、萃取技术、沉淀技术、层析技术、结晶技术和干燥技术等内容。近年来,国内外生物分离与纯化技术发展迅猛,新理论、新技术和新工艺不断涌现,原有教材已不能满足现行专业教学的要求,迫切需要一本适合于高职院校技术技能型人才培养以及行业发展的教材。

本书的编写以专业培养目标及课程教学标准为指导,坚持以教学为主导、兼顾学科系统的完整性和学生实用性,以"够用、适用、实用"为原则,以操作技能训练为主体,侧重于实践性教学环节,重视生产基本技能与实践操作能力的培养,使学生能够了解生物分离与纯化的基本知识和基本技术,能够正确有效地应用生物分离与纯化技术从事相关实践工作,掌握生物分离与纯化技术的基本原理和主要关键技术。本书既可作为高职高专院校制药技术、制药工程、生物技术及应用、生物工程等相关专业的学生使用,也可供从事生物分离与纯化技术领域的相关人士参考。

本书由洪伟鸣(江苏农牧科技职业学院)担任主编,李存法(河南牧业经济学院)、张俊霞(呼和浩特职业学院)担任副主编,史瑞(黑龙江生物科技职业学院)、张璨(天津生物工程职业技术学院)、张晓峰(河南牧业经济学院)、崔潇婷(江苏农牧科技职业学院)参与了编写。在编写过程中,南京工业大学曹飞教授和江苏农牧科技职业学院左伟勇教授以严谨的治学态度仔细审阅了书稿,并提出了许多非常宝贵的指导性意见。

本书的出版得到了江苏农牧科技职业学院教务处、各位编写作者所在院校以及重庆大学出版社的大力支持;此外,本书学习和引用了同行和相关专业书籍的部分资料。在这里,向支持本书编写的所有单位和参考文献的作者致以诚挚的感谢。

由于本书涉及范围较广,而且该学科发展很快,加之作者水平有限,书中难免有疏漏和不足之处,敬请读者不吝赐教,批评指正。

编 者
2015 年 5 月

目 录 CONTENTS

第1章 绪 论

【学习目标】
➢理解生物分离与纯化技术的基本概念。
➢了解生物材料的来源和加工特性。
➢掌握生物分离与纯化的一般工艺过程。
➢了解生物分离与纯化方法的选择依据。

【能力目标】
➢能根据课程特点制订学习目标和学习计划。

生物分离与纯化技术是指从动植物细胞、微生物代谢产物和酶促反应产物等生物物料中分离和纯化出目的产物的一门技术。通常被称为生物技术下游加工过程，其最终目的是要获得对人类有用的、符合相关质量要求的各种生物药物或生物制品。生物分离与纯化技术由一系列的单元操作技术组成。各个单元操作技术具有各自的分离理论，并适用于不同的分离与纯化过程。生物分离与纯化技术是现代生物技术的重要组成部分，其技术水平的高低可以代表和反映一个国家在生物技术领域的竞争力强弱程度。进入 21 世纪以来，生命科学、生物技术基础研究以及化工分离科学、材料科学等相关学科的迅速进步，极大地推动了生物分离与纯化技术的发展，同时生物分离过程特性的研究也逐渐被人们所重视。本章主要介绍生物分离与纯化技术的相关研究概况和未来发展趋势。

1.1 生物分离与纯化技术的发展历史及其应用

生物分离与纯化技术至今已有几百年的发展历史。16 世纪人类就发明了用水蒸气蒸馏的方法从鲜花与香草中提取天然香料，而从牛奶中提取奶酪的历史则更早。近代生物分离与纯化技术是在欧洲工业革命以后逐步形成和发展起来的，最早的开发是由于发酵乙醇以及有机酸分离提取的需要。到了 20 世纪 40 年代初期，人们发明了大规模深层发酵生产抗生素的工艺技术，但是发酵生产得到的粗产物纯度较低，而对最终产品要求的纯度却很高。近年来发展的生物技术包括利用基因工程菌生产人造胰岛素、人与动物疫苗等产品，粗产物的含量极低,而对分离所得的最终产物的要求却更高了。因而,人们对生物分离与纯化技术与装备的要求越来越高。

生物分离与纯化处理的对象是复杂的多相体系,包括微生物细胞、菌体、代谢产物、未耗用的培养基以及各种降解产物等。其中,生物活性物质的浓度通常很低(例如,抗生素的含量为 $10 \sim 30 \ kg/m^3$、酶的含量为 $2 \sim 5 \ kg/m^3$、维生素 B_{12} 的含量仅为 $0.12 \ kg/m^3$),而杂质含量却很高,并且某些杂质又具有非常相似的化学结构和理化性质,加之生物活性物质通常很不稳定,遇热或遇某些化学试剂会引起失活或分解,某些产品还要求无菌操作,故对分离与纯化的条件要求苛刻。分离与纯化过程在生物产品的整个生产过程中所占产品总成本的比例很大,对于抗生素而言,分离与纯化部分的投资费用约为发酵部分的 4 倍;对有机酸或氨基酸生产而言,约为 1.5 倍;对基因工程药物而言,分离纯化技术的要求则更高,所占的费用可达到生产总费用的 $80\% \sim 90\%$,甚至更高。因此,生物分离与纯化对生物产品的质量控制和生产成本控制起着至关重要的作用。

1.2　生物分离与纯化技术的特点

1.2.1　生物材料的来源

生产生物药物和生物制品的主要材料来源是动物、植物和微生物的器官、组织、细胞与代谢产物。其种类主要有以下几种:

1)动物器官与组织

以动物器官与组织为原料,可制备多种生物药物及生物制品。动物器官与组织的主要来源是猪,其次是牛、羊、家禽和鱼类等。

2)血液、分泌物及其他代谢物

血液占动物体重的 $6\% \sim 10\%$。血液资源丰富,可用于生产药品、生化试剂、营养食品、医用化妆品及饲料添加剂等。以动物的血液为原料生产的生物制品有免疫球蛋白、血纤溶酶原、凝血酶、血红蛋白、白蛋白、血红素、SOD 等。

另外,尿液、胆汁、蜂毒等也是重要的生物材料。由尿液可制备尿激酶、激肽释放酶、蛋白抑制剂等;由胆汁可生产胆汁酸、胆红素等。

3)海洋生物

海洋生物是开发防治常见病、多发病和疑难病的重要生物材料。用于生产生物制品的海洋生物,主要有海藻、腔肠动物、鱼类和软体动物等。

4)植物

可作为药用的植物种类繁多,除含有生物碱、强心苷、黄酮、皂苷、挥发油、树脂等有效药理成分外,还含有氨基酸、蛋白质、酶、激素、核酸、糖类、脂类等众多成分。

5) 微生物及其代谢产物

微生物的种类繁多,且资源丰富,应用前景非常广阔。由细菌、放线菌、真菌和酵母菌的初级代谢产物中可获得氨基酸和维生素等,由次级代谢产物中可获得青霉素和四环素等一些抗生素。基因工程技术的发展,使得通过微生物培养获得大量其他生物物质成为可能。

1.2.2　生物分离与纯化技术的特点

由于生物物质大多具有生理活性和药理作用,其活性的大小直接与它们的终极应用目的密切相关,而其中很多生物大分子如蛋白质、核酸、病毒类基因治疗剂等,对外界条件非常敏感,过酸、过碱、热、光、剧烈振荡等都有可能导致其丧失活性。因此,在分离与纯化的过程中,必须根据目的产物的特点,在保证其生理活性和药理作用的前提下进行分离与纯化操作。生物分离与纯化技术的特点主要表现在以下几个方面:

1) 环境复杂、分离纯化困难

目的产物存在的环境复杂、分离纯化比较困难,具体表现在两个方面:一是目的产物来源的生物材料中常含有成百上千种杂质,以谷氨酸发酵液为例,在发酵液中除了含有大量的微生物细胞、细胞碎片、残余培养基成分等杂质外,还含有核酸、蛋白质、多糖等大分子物质以及大量其他氨基酸、有机酸等低分子的中间代谢产物,这些杂质有些是可溶性物质,有些是以胶体悬浮液和粒子形态存在。总之,发酵液的组成相当复杂,即使是一个特定的体系,也不可能对它们进行精确的分离,何况某些组分的性质与目的产物具有很多理化方面的相似性。二是不同生物材料成分的差别导致分离与纯化过程中处理对象理化性质的差别,比如赖氨酸可以采用发酵法和水解动植物蛋白质获取,同样是赖氨酸,因水解液和发酵液的组成成分差别,决定了在赖氨酸的分离与纯化中不可能采用相同的生产工艺。

2) 目的产物含量低、分离纯化难度大

目的产物在生物材料中的含量一般都很低,有时甚至是极微量的。如胰腺中脱氧核糖核酸酶的含量为 0.004%、胰岛素含量为 0.002%,胆汁中胆红素含量为 0.05%~0.08%。因此,要从庞大体积的原料中分离纯化获得目的产物,通常需要进行多次提取、高度浓缩提取液等处理,这是造成生物分离与纯化成本增加的主要原因之一。

3) 稳定性差、操作要求严格

生物物质的稳定性较差,易受周围环境及其他杂质的干扰,因此,通常需保持在特定的环境中,否则容易失活。生物物质的生理活性大多是在生物体内的温和条件下维持并发挥作用的,过酸、过碱、热、光、剧烈振荡以及某些化学药物存在等都可能使其生物活性降低甚至丧失。因此,对分离纯化过程的操作条件有严格的限制,尤其是蛋白质、核酸、病毒类基因治疗剂等生物大分子,在分离纯化过程中通常需要采用添加保护剂、采用缓冲体系等措施以保持其高的活性。

4) 目的产物最终的质量要求很高

通过生物分离与纯化操作获得的许多产品是医药类、生物试剂类或食品类等精细产品的主要成分,其质量的好坏与人们的生活、健康密切相关,因此,相关产品的质量通常必须达到药

典、试剂标准和食品规范的要求。如对于蛋白质类药物,一般规定杂蛋白含量低于2%,而重组胰岛素中的杂蛋白应低于0.01%,不少产品还要求是稳定的无色晶体。

5) 最终产品纯度的均一性与化学分离上纯度的概念并不完全相同

绝大多数生物物质对环境反应十分敏感,结构与功能关系比较复杂,应用途径多样化,故对其均一性的评定常常是有条件的,或者通过不同角度测定,最后综合得出相对的"均一性"结论。只凭一种方法所得纯度的结果往往是片面的,甚至是错误的。

1.3 生物分离与纯化的一般工艺流程

1.3.1 一般工艺流程

按照生产过程的顺序,生物分离与纯化一般包括原材料的预处理、分离提取、产物的精制和成品加工四个过程。生物分离与纯化的一般工艺流程如图1.1所示。实际工艺流程取决于产品的特性以及要求达到的纯度。如产品为菌体本身,则工艺比较简单,只需过滤得到菌体,再经干燥即可(如单细胞蛋白的生产);如可以直接从发酵液中提取,则可省去固-液分离的操作;如为胞外产物,则可省去细胞破碎的操作。

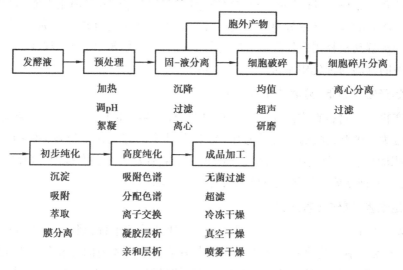

图1.1 生物分离与纯化的一般工艺流程

1.3.2 涉及的各种单元操作

生物分离与纯化过程中涉及的单元操作很多,其中萃取、离心分离、过滤、沉淀、层析、膜分离、结晶、干燥等,都属于常见的基本单元操作。这些单元操作按处理规模,可分为实验室规模和工业生产规模。本课程重点讨论工业生产规模的单元操作的技术原理、设备及操作条件选择。下面主要根据生物分离与纯化过程的 4 个阶段,对各单元操作技术作简单介绍。

1) 原材料的预处理与固-液分离

从发酵液中分离出固体是分离与纯化过程的第一个步骤。由于原料液中成分复杂且杂质多等,需要先进行预处理,从而改变原料液的性质,以利于固-液分离及后续的单元操作。预处理的方法包括加热、调节 pH、絮凝、凝聚等。固-液分离中主要采用过滤和离心分离等传统方法,用微滤或超滤技术直接分离细胞等固形物已成为当前固-液分离工序中的新技术。

2) 细胞破碎与碎片分离

细胞破碎的方法有机械法和非机械法两种。大规模生产常用高压匀浆器、球磨机,基因工程技术制药生产中也常用超声波结合酶法破碎。细胞碎片的分离可采用离心过滤、膜过滤或双水相萃取等方法。

3) 初步纯化(分离提取)

初步纯化的主要目的是浓缩目的产物,并使其初步纯化。涉及的单元操作包括:

(1) 浸提和萃取法

浸提是指使目的产物从固相原材料中转移至水相中,以水相为出发点进行分离与纯化的过程。萃取是利用目的产物在两相溶液中分配系数的不同,使其向一相富集并与其他杂质初步分离开来。常用的萃取方法有溶剂萃取、双水相萃取、超临界萃取等,分别适用于不同类型组分的萃取过程。

(2) 沉淀法

利用盐析法、有机溶剂沉淀法和等电点沉淀法,使目的蛋白沉淀出来并得到初步纯化。

(3) 膜过滤法

利用微滤膜、超滤膜、反渗透膜等选择性透过膜,可以将粒径大小不同的颗粒或分子分离或浓缩。

(4) 蒸发浓缩

利用真空蒸发浓缩法除去大部分的溶剂和易挥发组分。

4) 高度纯化(产物的精制)

经初步纯化后物料的体积已大大缩小,但纯度尚不高,仍需进一步纯化和精制。大分子产物的精制主要采用层析技术,而小分子产物的精制常选用结晶技术。

(1) 层析

层析是一种高效的分离技术。其操作是在层析柱中完成的,包含固定相和流动相,由于物质在两相间分配系数不同,故在柱中的运动速度也不同,从而获得分离。层析是一系列相关技术的总称,根据分配机理的不同,层析主要包括吸附层析、凝胶层析、离子交换层析、疏水层析和亲和层析等。

(2) 结晶

结晶的前提条件是要使溶液达到过饱和状态。结晶主要适用于低分子量物质的纯化,例如抗生素、氨基酸、有机酸等产品。

(3) 干燥

干燥是生产固体状生物产品的最后一道工序。干燥的方法很多,但生物产品大多有热敏失活的特性,因此建议选用真空干燥、流化床干燥、气流干燥、喷雾干燥和冷冻干燥等操作方式。

5)成品加工

经过上述初步纯化和高度纯化后,得到的产物一般能符合成品要求,如果仍需进一步纯化,最好是选择机理不同的另一种高度纯化操作。蛋白质分子在纯化过程中,常会聚集成二聚体或多聚体,特别当浓度较高或含有降解产物(由于有蛋白酶的存在)时;有时亲和层析的配基也会脱落,也必须除去。常用的方法是利用基于分子大小不同的凝胶层析法,其处理量小,所以应用于最后阶段的纯化很合适。

1.3.3 生物分离与纯化方法的选择依据

选择分离与纯化方法的总体原则是根据原材料中杂质组分和目的组分的理化性质及对产品质量的要求,选择相应的单元操作,通过试验最终确定适合的单元操作及最有效的操作工艺。在选择和设计分离纯化工艺时,主要考虑以下因素:

1)生产成本

生物分离与纯化过程所需的费用占产品生产总成本的比例很高,因此为了提高经济效益,产率和成本是生产企业首要考虑的因素。

2)原料的组成和性质

目的产物在原料中的浓度高低、是胞内产物还是胞外产物,以及溶解性等理化性质,是影响工艺条件的重要因素。生化物质的分离基本都是在液相中进行的,所以在选择分离方法时首先要考虑物质的分配系数、相对分子质量、离子电荷性质及数量、挥发性等因素。如果某些杂质在各种条件下带电荷性质与目的产物相似,但相对分子质量、形状和大小与目的物差别大,可以考虑用离心或膜过滤或凝胶色谱法分离除去相对分子质量相差较大的杂质,然后在一定的 pH 和离子强度范围内使目的产物变成有利的离子状态,便能有效地进行分离。

3)分离与纯化的步骤

任何产品的分离与纯化都不可能一步完成,都是多种步骤的组合。在实际生产中,要尽可能采用最少的步骤,因为步骤的多少不仅影响到产品的得率,而且还会影响到投资和操作成本。为了提高产品的总得率,可以采用两种方法:一是提高各个步骤的回收率;二是减少所需的步骤。对于某些生物大分子产品,分离与纯化可采用离子交换色谱、凝胶过滤等多种单元操作的组合,但如果采用亲和层析,虽然分离材料的投资成本会增加,但产品的一次纯化效率很高,这样会大大地降低生产成本,提高生产效率。

4)产品的稳定性

要了解目的产物在什么样的 pH 和温度范围易受破坏、酸性和碱性下的降解产物是什么,最好能知道其降解速度。必须注意,在整个分离纯化过程中,要尽量使目的产物保持稳定。例如,对于一些热不稳定的产品,可以采用冷冻干燥工艺进行成品加工。对于蛋白质产品,往往存在巯基,故蛋白质容易被氧化,因此必须排除空气并使用抗氧化剂,以便使氧化作用降低到最低程度,并且必须仔细地设计,以减少空气进入系统,使氧化的可能性减小。

1.4 生物分离与纯化技术的发展趋势

随着生物技术产业的迅猛发展,新的分离与纯化方法不断涌现,解决了许多以前无法解决的实际问题,并且提供了一大批生物技术产品。但无论是传统的生物技术产品,还是附加值高的现代生物技术产品,随着生产规模的扩大和竞争的加剧,产品的竞争优势最终归结于低成本和高纯度。降低生产成本和提高产品质量是生物分离与纯化技术的未来发展方向。目前,生物分离与纯化技术的发展方向主要体现在以下几个方面。

1.4.1 新型分离介质的研制

分离介质的性能对提高分离效率起到关键的作用,特别是工业大生产,介质的机械强度是工艺设计时要考虑的重要因素。在色谱分离技术中,使用的凝胶和天然糖类为骨架的分离介质,由于其强度较弱,实现工业化的大规模生产还有一定的困难。因此,进行新型、高效的分离介质的研制是生物分离与纯化工艺改进的一个热点。

1.4.2 膜分离技术的推广应用

随着膜质量的改进和膜装置性能的改善,在生物分离与纯化操作过程中将会越来越多地使用膜分离技术。膜分离技术具有选择性好、分离效率高、节约能耗等优点,是未来的主要发展方向之一。

1.4.3 提高分离过程的选择性

主要是应用分子识别与亲和作用来提高大规模分离技术的精度,利用生物亲和作用的高度特异性与其他分离技术,如膜分离、双水相萃取、反胶团萃取、亲和沉淀、亲和色谱和亲和电泳等亲和纯化技术。除已知的亲和层析外,还有亲和过滤、亲和分配、亲和沉淀、亲和膜分离等。利用单克隆抗体的免疫吸附层析,选择性是最理想的,但介质的价格太高,急需研究和改进。

1.4.4 强化生物分离过程的研究

生物分离过程的优化可产生显著的经济效益,但目前大多数生物分离过程尚处于经验状态,对其分离机理尚缺乏足够的认识和理解。此外,分离过程还存在失活问题,且新的分离技术不断出现,这就使得准确描述和控制生物分离过程变得很困难。生物分离是一个边缘学科,需要综合运用化学、工程、生物、数学、计算机等多学科的知识和工具才能在该领域取得突破和进展。

1.4.5　生物工程上游技术与下游技术相结合

生物工程作为一个整体,上、中、下游要互相配合。为了利于目的产物的分离与纯化,上游的工艺设计应尽量为下游的分离与纯化创造有利条件。例如,设法使用生物催化剂将原来的胞内产物变为胞外产物或处于胞膜间隙;在细胞中高水平的表达形成细胞质内的包含体,在细胞破碎后,在低离心力下即能沉降,以便实现分离;减少非目的产物(如色素、毒素、降解酶和其他干扰性杂质等)的分泌;利用基因工程方法,使尿抑胃素接上几个精氨酸残基,使其碱性增强,从而容易被阳离子交换剂所吸附。

自从 DNA 重组人胰岛素问世以来,越来越多的生物医药产品不断涌现,生物分离与纯化技术在基因工程、酶工程、细胞工程、发酵工程和蛋白质工程方面的应用日益广泛。人们进一步研究和开发出高效、低成本的分离与纯化技术,必将有助于推动生物技术产业的高速发展。

·本章小结·

生物分离与纯化技术是指从动植物细胞、微生物代谢产物和酶促反应产物等生物物料中分离和纯化出目的产物的一门技术,通常称为生物技术下游加工过程,其最终目的是要获得对人类有用的、符合相关质量要求的各种生物药物或生物制品。生物分离与纯化技术由一系列的单元操作技术组成。通过本章的学习,可以系统掌握生物分离与纯化技术的形成与发展、理论与原理、技术与方法等基础知识,以及最新的相关研究动态和未来发展趋势,使学生对本课程有一个全面的了解,以适应今后在教学、科研、生产开发各方面对人才知识结构的需求。

复习思考题

1.简述生物原材料的来源及生物分离过程特点。

2.简述生物分离与纯化的一般工艺流程及主要包括的单元操作。

3.简述选择生物分离与纯化方法的依据。

第2章 预处理技术

📖【学习目标】
➢理解预处理技术在生物分离提取中的作用及必要性。
➢掌握常用的预处理方法及处理要点。

📖【能力目标】
➢掌握凝聚与絮凝技术的基本原理。
➢掌握常用凝聚剂与絮凝剂的类型和使用特点。

2.1 概　述

生物发酵液(提取液)的成分极其复杂,其中存在大量的微生物菌体细胞、残存的培养基成分、各种蛋白质胶状物、色素、金属离子以及各种代谢产物等,这些杂质有些是可溶的,有些是不可溶的。

1)发酵液和其他生物提取液的特性

发酵液和其他生物提取液的特性可归纳为:

①目标产物浓度较低,大多为1%~10%,悬浮液中大部分是水。

②悬浮物颗粒小,相对密度与液相相差不大。

③固体粒子可压缩性大。

④液相黏度大,大多为非牛顿型流体。

⑤性质不稳定,随时间变化,易受空气氧化、微生物污染、蛋白质酶水解等作用的影响。

⑥成分复杂,杂质较多。

上述这些特性使得生物发酵液(提取液)的分离与纯化相当困难。若通过对生物发酵液(提取液)进行适当的预处理,除去部分可溶性杂质和改善其流体性能,可利于后续的分离与纯化操作顺利进行。

2)预处理的目的

预处理的目的主要有两个方面:一是改变发酵液(提取液)的物理性质,以利于后续的固-液分离。常用的方法有凝聚与絮凝;二是去除发酵液(提取液)中部分杂质,以利于后续的各步纯化操作。发酵液中的可溶性黏胶状物质(主要是杂蛋白等)和不溶性多糖会使发酵液的黏度升高,以及对后续操作影响较大的金属无机离子(如 Ca^{2+}、Fe^{3+}、Mg^{2+}),这些杂质在预处理时应尽量除去。

3)预处理的过程

预处理过程一般包括以下几个步骤:

①对于动物组织与器官,要先除去结缔组织、脂肪等非活性部分,然后绞碎,再选择适当的溶剂使其形成细胞悬液后进行后续分离与纯化操作。

②对于植物组织与器官,要先去壳、除脂,然后粉碎,再选择适当的溶剂使其形成细胞悬液后进行后续分离与纯化操作。

③对于发酵液(提取液),则应根据目标产物所处的位置不同(胞内或胞外)进行相应的处理。

2.2 凝聚与絮凝技术

凝聚和絮凝技术是在料液中添加电解质,改变细胞、菌体和蛋白质等物质的分散状态,使其聚集成较大的颗粒,以便于提高过滤速率。另外,还能有效地除去杂蛋白质和固体杂质,提高滤液质量。常用于菌体细小而且黏度大的发酵液的预处理中。

2.2.1 凝聚技术

凝聚是指在某些电解质作用下,由于胶粒之间双电层电排斥作用降低,电位下降,而使胶体粒子聚集的过程。这些电解质称为凝聚剂。发酵液中的细胞、菌体或蛋白质等胶体粒子的表面一般都带有电荷,带电的原因很多,主要是吸附溶液中的离子或自身基团的电离。通常,发酵液中细胞或菌体带有负电荷,由于静电引力的作用,使溶液中带相反电荷的粒子(即正离子)被吸附在其周围,在其界面上形成了双电子层,如图 2.1 所示。当分子热运动使粒子间距离缩小到使它们的扩散层部分重叠时,即产生电排斥作用,使两个粒子分开,从而阻止了粒子的聚集。双电层电位越大,电排斥作用就越强,胶粒的分散程度也越大,发酵液越难过滤。

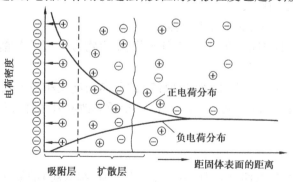

图 2.1　胶体双电子层结构

胶粒能稳定存在的另一个原因是其表面的水化作用,使粒子周围形成水化层,阻碍了胶粒间的直接聚集。凝聚剂的加入可使胶粒之间双电层电位下降或者使胶体表面水化层破坏或变薄,导致胶体颗粒间的排斥作用降低,吸引作用加强,破坏胶体系统的分散状态,导致颗粒凝聚。

影响凝聚作用的主要因素是无机盐的种类、化合价及无机盐用量等。常用的凝聚剂有$AlCl_3 \cdot 6H_2O$、$Al_2(SO_4)_3 \cdot 18H_2O$、$FeSO_4 \cdot 7H_2O$、$FeCl_3 \cdot 6H_2O$、$ZnSO_4$ 和 $MgCO_3$ 等。阳离子对带负电荷的发酵液胶体粒子凝聚能力的次序为:$Al^{3+} > Fe^{3+} > H^+ > Ca^{2+} > Mg^{2+} > K^+ > Na^+ > Li^+$。

2.2.2 絮凝技术

絮凝是指在某些高分子化合物的存在下,通过架桥作用将许多微粒聚集在一起,形成粗大的松散絮团的过程。所利用的高分子化合物称为絮凝剂。作为絮凝剂的高分子化合物,一般具有长链状结构,易溶于水,其相对分子质量可高达数万至一千万以上。实现絮凝作用的关键在于其链节上的多个活性官能团,包括带电荷的阴离子(如—COOH)或阳离子(如—NH₂)基团,以及不带电荷的非离子型基团。絮凝剂的官能团能强烈地吸附在胶粒的表面上,而且一个高分子聚合物的许多链节分别吸附在不同颗粒的表面上,因而产生架桥连接,就形成了较大的絮凝团。高分子聚合物絮凝剂在胶粒表面的吸附机理是基于各种物理化学作用,如静电引力、范德华力或氢键作用等。如图2.2所示。

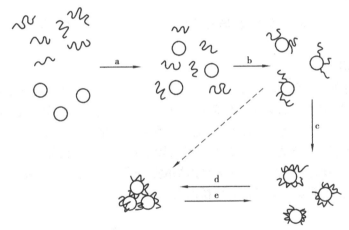

图 2.2 絮凝剂的混合、吸附和絮凝作用示意图
(虚线代表聚合物分子吸附在粒子表面直接形成絮团)
a—聚合物分子在液相中分散,均匀分布在离子之间;b—聚合物分子链在粒子表面的吸附;
c—被吸附链的重排,最后达到平衡构象;d—脱稳粒子互相碰撞,架桥形成絮团;e—絮团的打碎

1) 絮凝剂的种类

根据絮凝剂活性基团在水中解离情况的不同,可分为阴离子型、阳离子型和非离子型3类。对于带有负电荷的微粒,加入阳离子型絮凝剂,具有降低离子排斥电位和产生吸附架桥作用的双重机制;而非离子型和阳离子型絮凝剂,主要通过分子间引力和氢键等作用产生吸附架桥。

工业上使用的絮凝剂按组成不同,又可分为无机絮凝剂、有机絮凝剂和生物絮凝剂。

(1)有机高分子聚合物

如人工合成的絮凝剂:二甲基二烯丙基氯化铵与丙烯酰胺的共聚物或均聚物、聚二烯基咪唑啉、聚丙烯酸类衍生物、聚苯乙烯类衍生物、聚丙烯胺类衍生物等。聚丙烯酰胺类衍生物具有絮凝体粗大、分离效果好、速度快、用量小等优点,因而得到广泛应用。需要注意的是,这类絮凝剂具有一定毒性,不能用于药品、食品生产;而聚丙烯酸类衍生物阴离子型絮凝剂无毒,可用于食品和医药工业。另外,还有些天然有机高分子絮凝剂:聚糖类胶黏物、海藻酸钠、明胶、骨胶、壳多糖等。

(2)无机高分子聚合物

如聚合铝盐、聚合铁盐等。

(3)生物絮凝剂

生物絮凝剂是一类由微生物产生的具有絮凝能力的生物大分子,主要有蛋白质、黏多糖、纤维素和核酸等。具有高效、无毒、无二次污染等特点,克服了无机絮凝剂和人工合成有机高分子絮凝剂本身固有的缺陷,其发展潜力越来越受到重视。

2)影响絮凝效果的主要因素

(1)絮凝剂的性质和结构

线性结构的有机高分子絮凝剂,其絮凝作用大,而成环状或支链结构的有机高分子絮凝剂的效果较差。絮凝剂的分子量越大、线性分子链越长,絮凝效果越好;但分子量增大,絮凝剂在水中的溶解度降低,因此要选择适宜分子量的絮凝剂。

(2)操作温度

当温度升高时,絮凝速度加快,形成的絮凝颗粒细小。因此絮凝操作温度要合适,一般为20~30 ℃。

(3)溶液 pH

溶液 pH 的变化会影响离子型絮凝剂官能团的电离度,从而影响分子链的伸展形态。电离度增大,由于链节上相邻离子基团间的静电排斥作用,而使分子链从卷曲状态变为伸展状态,所以架桥能力提高。例如,采用碱式氯化铝和阴离子聚丙烯酰胺搭配使用的混凝方法处理碱性蛋白酶发酵液,发酵液 pH 对阴离子聚丙烯酰胺絮凝效果的影响如图 2.3 所示。由图可见,pH 适当提高能增大滤速,这是因为聚丙烯酰胺分子链上的羧基解离程度提高,而使其达到较大的伸展程度,从而发挥了最佳的架桥能力。

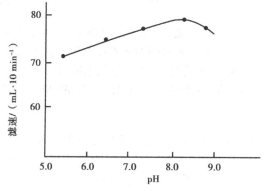

图 2.3 pH 对絮凝液滤速的影响

(4)搅拌速度和时间

适当的搅拌速度和时间对絮凝是有利的,一般情况下,搅拌速度为 40~80 r/min,不要超过 100 r/min；搅拌时间以 2~4 min 为宜，不超过 5 min。

（5）絮凝剂的用量

当絮凝剂浓度较低时，增加用量有助于架桥作用，絮凝效果提高；但是用量过多反而会引起吸附饱和，在胶粒表面上形成覆盖层而失去与其他胶粒架桥的作用，造成胶粒再次稳定的现象，絮凝效果反而降低。

2.2.3　混凝技术

对于带负电性菌体或蛋白质来说，阳离子型高分子絮凝剂同时具有降低粒子排斥电位和产生吸附架桥的双重机理，所以可以单独使用。对于非离子型和阴离子型高分子絮凝剂，则主要通过分子间引力和氢键作用产生吸附架桥，它们常与无机电解质凝聚剂搭配使用。首先加入无机电解质，使悬浮粒子间的相互排斥能降低，脱稳而凝聚成微粒，然后再加入絮凝剂。无机电解质的凝聚作用为高分子絮凝剂的架桥创造了良好的条件，从而提高了絮凝效果。这种包括凝聚和絮凝机理的过程，称为混凝。

·本章小结·

发酵液和其他生物提取液具有目标产物浓度较低、悬浮物颗粒小、固体粒子可压缩性大、液相黏度大、性质不稳定等特点。这些特性使得生物发酵液（提取液）的过滤与分离相当困难。通过对生物发酵液（提取液）进行适当的预处理，除去部分可溶性杂质和改善其流体性能，降低滤饼比阻，以提高后期固液分离的效率。

加热是一种有效降低液体黏度、提高过滤速率的方法。常用于黏度随温度变化较大的流体。使用加热法时必须注意：热处理会对原液质量有影响，特别会使原液色素增多；加热的温度必须控制在不影响目的产物活性的范围内；温度过高或时间过长，可能造成细胞溶解，胞内物质外溢，而增加发酵液的复杂性，影响其后的产物分离与纯化。

适当调节 pH 可改善发酵液（提取液）的过滤特性。对于氨基酸、蛋白质等两性物质作为杂质存在于液体中时，常采用调 pH 至等电点使两性物质沉淀。在酸性溶液中，蛋白质还能与一些阴离子，如三氯乙酸盐、水杨酸盐、钨酸盐、苦味酸盐、鞣酸盐、过氯酸盐等形成沉淀；在碱性溶液中，蛋白质能与一些阳离子，如 Ag^+、Cu^{2+}、Zn^{2+}、Fe^{3+} 和 Pb^{2+} 等形成沉淀。凝聚作用是指在某些电解质作用下，由于胶粒之间双电层电排斥作用降低，电位下降，而使胶体粒子聚集的过程。常用的凝聚剂有 $AlCl_3 \cdot 6H_2O$、$Al_2(SO_4)_3 \cdot 18H_2O$、$K_2SO_4 \cdot Al_2(SO_4)_3 \cdot 24H_2O$、$FeSO_4 \cdot 7H_2O$、$FeCl_3 \cdot 6H_2O$、$ZnSO_4$ 和 $MgCO_3$ 等。

絮凝作用是指在某些高分子化合物的存在下，通过架桥作用将许多微粒聚集在一起，形成粗大的松散絮团的过程。根据絮凝剂所带电性的不同，分为阴离子型、阳离子型和非离子型 3 类；根据组成不同，又可分为无机絮凝剂、有机絮凝剂和生物絮凝剂。

混凝是包括凝聚和絮凝机理的过程。首先加入无机电解质，使悬浮粒子间的相互排斥能降低，脱稳而凝聚成微粒，然后再加入絮凝剂。

 复习思考题

1.发酵液及其他生物提取液都具有哪些特性？这些特性为生物分离提取带来哪些困难？

2.预处理的目的是什么？常采用的方法有哪些？

3.使用加热法进行预处理时,应该注意哪些问题？

4.什么是凝聚作用？常用的凝聚剂有哪些？

5.什么是絮凝作用？常用的絮凝剂有哪些？影响絮凝作用的因素有哪些？

第 3 章 固液分离技术

【学习目标】
➤了解过滤技术的基本原理。
➤熟悉常用的过滤设备类型及其特点。
➤熟悉离心分离技术的基本原理。
➤掌握影响离心分离效果的主要因素及离心分离工艺参数的选择。
➤熟悉常见离心机的类型及特点。

【能力目标】
➤掌握常用的过滤、离心分离设备的使用和维护方法。

固液分离技术是指将固液多相混合体系中固体(细胞、菌体、细胞碎片及沉淀或结晶等)与液体分离开来的技术。固液分离的目的包括两个方面:一是收集产物在胞内的细胞或目的物沉淀,去除液相;二是收集含有目的产物的液相,去除固相。固液分离技术主要包括过滤与离心分离两类单元操作技术。一般说来,细菌、酵母等微粒选用离心分离技术效果较好;而对于丝状真菌等稍大微粒,采用过滤技术分离较好且比较经济。

3.1　过滤技术

过滤技术以多孔性物质作为过滤介质,在外力(重力、真空度、压力或离心力等)作用下,流体及小颗粒固体通过介质孔道,而大固体颗粒被截留,从而实现流体与固体颗粒分离的技术。流体既可以是液体也可以是气体,因此,过滤既可以分离连续相为液体的非均相混合物,也可以分离连续相为气体的非均相混合物。

3.1.1　过滤的分类

根据过滤机理的不同,过滤操作可分为深层过滤和滤饼过滤,如图 3.1 所示。

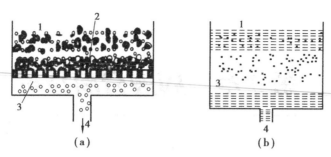

图 3.1 深层过滤和滤饼过滤示意图
(a)滤饼过滤;(b)深层过滤
1—混悬液;2—滤饼;3—过滤介质;4—滤液

1)深层过滤

深层过滤是指用较厚的颗粒状床层做成过滤介质进行过滤的一种方式。所用的过滤介质为硅藻土、砂粒、颗粒活性炭、玻璃珠、塑料颗粒等。当悬浮液通过滤层时,固体颗粒被阻拦或吸附在滤层的颗粒上,使滤液得以澄清,所以深层过滤又称澄清过滤。在深层过滤中,过滤介质起着主要的过滤作用。此种方法适用于固体含量少于 0.1 g/100 mL、颗粒直径在 5~100 μm 的悬浮液的过滤分离,如自来水、麦芽汁、酒类和饮料等的澄清。

2)滤饼过滤

悬浮液通过滤布时,固体颗粒被滤布阻拦而逐渐形成滤饼,当滤饼增至一定厚度时即起过滤作用,这种方法叫滤饼过滤或滤渣过滤。在滤饼过滤中,悬浮液本身形成的滤饼起着主要的过滤作用。此种方法适合于固体含量大于 0.1 g/100 mL 的悬浮液的过滤分离。

按照过滤过程的推动力不同,过滤过程又可分为重力过滤、加压过滤、真空过滤、离心过滤。

①重力过滤就是利用混悬液自身重力作为过滤所需的推动力,效率较低,但设备成本和能耗也低。

②加压过滤一般通过气压或者泵推动液体前进,一般来说加压过滤对设备的密闭性要求较高,是最常用的过滤方式之一。

③真空过滤一般是在样品液的反向端进行抽真空,造成负压,形成压差,密闭性要求高,成本也高,适用于一些放射性、腐蚀性、致病性较强的样品过滤,如采用布氏漏斗进行的抽滤。

④离心过滤是利用离心机旋转形成的离心力作为料液的推动力,离心机能产生强大的离心力,因此过滤速度较快,但仪器设备自动化要求较高、结构复杂、成本较高,如实验室常用到微型超滤离心管进行离心过滤。

另外,根据过滤过程操作方式的不同,过滤还可以分为间歇式过滤和连续式过滤。

3.1.2 过滤设备

1)板框压滤机

板框压滤机是加压过滤机的代表,在许多领域中都有广泛应用。板框压滤机主要部分为许多交替排列的滤板与滤框,滤板两面铺有滤布,板和框共同支承在两侧的架上并可在架上滑动,并用一端的压紧装置将它们压紧,使全部滤板和滤框组成一系列密封的滤室,如图 3.2 所示。

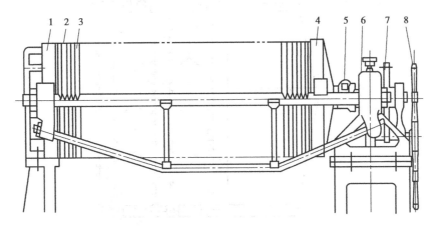

图 3.2 板框压滤机结构示意图

1—固定端板;2—滤板;3—滤框;4—活动端板;

5—活动接头;6—支承;7—传动齿轮;8—手轮

滤板和滤框的形状通常为正方形,也有圆形的(大多用于小型设备)。圆形板框压滤机的优点是在过滤面积相等的情况下,密封周边最短,因而所需压紧力最小,但在同样过滤面积时其外廓尺寸较大。

板框压滤机分为明流和暗流两种型式。滤出液直接从每块滤板的出口集中流出的为明流式;滤出液从固定端板的出口集中流出的为暗流式。明流式能直接观察每组板框的工作情况,例如滤布有破损即可发现,但用于成品及无菌过滤时,则采用暗流式比较适宜,因其可减少料液与外界接触的机会,从而防止污染。

板框压滤机的板框数从 10~60 块不等。如果过滤物料的量不多,可用一无孔道滤板插入其中,使后面滤板不起作用。压紧装置有手动、电动和液压 3 种,大型板框压滤机均用液压装置,进料口和出料口均装在固定端板上。

滤板和滤框的工作情况如图 3.3 所示,板与框的角上有孔,当板框重叠时即形成进料、进洗涤液或排料、排洗涤液的通道。操作时物料自滤框上角孔道流入滤框中,通过滤布沿板上的沟渠自下端小孔排出。框内形成滤饼,滤饼装满后,放松活动端板,移动板框将滤饼除去,洗净滤布和滤框,重新装合。多数情况滤饼装满后还需洗涤,有时还需用压缩空气吹干。所以,板框压滤机的一个工作周期包括装合、过滤洗涤(吹干)、去饼、洗净等过程。

板框压滤机结构简单,装配紧凑,过滤面积大,允许采用较大的操作压力(一般为 0.3~0.5 MPa,最高可达 1.5 MPa),辅助设备及动力消耗少,过滤和洗涤的质量好,能分离某些含固形物较少的、难以过滤的悬浮液或胶体悬浮液,对固形物含量高的悬液也适用,滤饼的含水率低,可洗涤,维修方便,可用不同滤材以适应具有腐蚀性的物料。板框压滤机的缺点是设备笨重,间歇操作,装拆板框劳动强度大,占地面积多,辅助时间长,生产效率低。

2)硅藻土过滤机

硅藻土是单细胞藻类植物的遗骸,一般大小为 1~100 μm,壳体上微孔密集、堆密度小、比表面积大,主要为非晶质二氧化硅,能滤除 0.1~1.0 μm 的粒子。硅藻土过滤机的形式很多,目

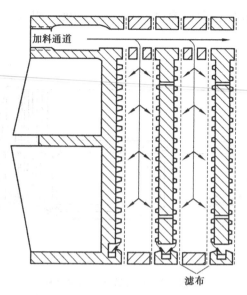

图 3.3　滤板和滤框工作情况

前使用比较广泛的有板框式、烛式、水平圆盘式 3 种。

（1）板框式硅藻土过滤机

板框式硅藻土过滤机由机架、滤板和滤框等构成，大都采用不锈钢制作，机架由横杠、固定顶板和活动顶板组成，横杠用于悬挂滤板和滤框，顶板用于压紧滤板和滤框。滤板表面有横或竖的沟槽，用于导流出过滤后的液体。滤框和滤板四角有孔，分别用来打入待滤悬浮液和排出滤液。滤板和滤框交替悬挂在机架两侧的横杠上，滤板两侧用滤布隔开，滤布由纤维或聚合树脂制成，两块滤板中间夹一个滤框，四周密封，形成一个滤室，用于填充硅藻土、待滤液体和截留下来的粒子，如图 3.4 所示。

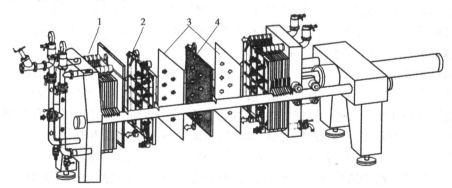

图 3.4　板框式硅藻土过滤机
1—过滤单元；2—滤框；3—过滤纸板；4—支撑板

（2）烛式硅藻土过滤机

烛式硅藻土过滤机由外壳和滤烛构成，用不锈钢制作，如图 3.5 所示。每根滤烛由一根中心滤柱和套在其上的许多圆环（或缠绕不锈钢螺旋）组成。烛柱是一根沿长度开成 Y 形槽的不锈钢柱，直径 25 mm 左右，长度可达 2 m 以上。圆环套装在滤柱上作为支撑物，硅藻土在环面沉积，形成滤层。料液穿过滤层，透过液由中心柱上的沟槽流出。每根滤烛的过滤面积在 0.

2 m^2 左右,每台烛式过滤机内可安装近 700 根滤烛,所以过滤面积非常大,并且随着过滤时间的推移,滤层增厚,过滤面积成倍增加。

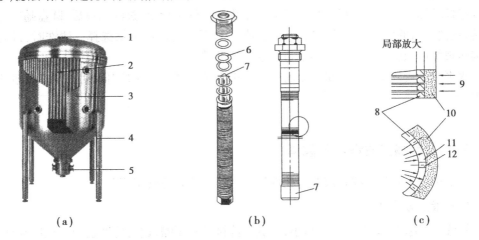

图 3.5 烛式硅藻土过滤机

(a)过滤机;(b)环片式滤烛;(c)绕带式滤烛

1—清酒出口;2—烛式滤芯;3—过滤机外壳;4—支撑;5—浑浊酒液进口;6—圆环;
7—滤柱;8—楔形不锈钢带;9—清洗;10—硅藻土层;11—宽开口;12—狭凸肩

(3)水平圆盘式硅藻土过滤机

水平圆盘式硅藻土过滤机由外壳、圆形滤盘和中心轴构成,用不锈钢制作,如图 3.6 所示。圆盘上面是用镍铬合金材料编织的筛网作为硅藻土助滤剂的支撑物,筛网孔径为 $50\sim80 \text{ μm}$,过滤面积为所有圆盘面积的总和。圆盘安装在中心轴上,中心轴是空心的,并开有很多滤孔。在电机带动下中心轴可以旋转,并带动圆盘一起旋转。

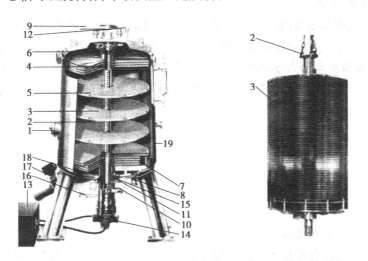

图 3.6 水平圆盘式硅藻土过滤机

1—带视窗机壳;2—滤出轴;3—滤盘;4—间隔环;5—支脚;
6—压紧装置;7—残液滤盘;8—底部进口;9—上部进口;
10—清酒出口;11—残酒出口;12—排气管;13—液压装置;14—电机;
15—轴封;16—轴环清洗管;17—硅藻土排出管;18—硅藻土排出装置;19—喷洗装置

水平圆盘式硅藻土过滤机的工作原理和烛式硅藻土过滤机相似。添加的硅藻土均匀分布于每一个圆盘上,由此形成均匀的滤层,过滤时滤液由上而下通过滤层,浑浊粒子被截留在上面,透过滤层的清酒由圆盘接收,并汇流至中央空心轴中导出,过滤结束后,圆盘随中心轴一起旋转,在离心力的作用下将滤饼甩出,通常有几种不同的转速可供选择。清洗时,过滤机圆盘的旋转很缓慢,旋转的同时,对圆盘进行强烈的冲洗。

水平圆盘式硅藻土过滤机的空心轴上一般有两个通道,通过它们,可使预涂及过滤过程连续进行。

3.1.3 影响过滤速度的因素

过滤速度主要与过滤料液的理化性质及过滤工艺条件密切相关。

1)料液的理化性质

料液黏度越大、固形颗粒物越小,形成的滤饼越易压缩,过滤速度越慢。在过滤时,可以加入助滤剂来改善料液的理化性质,以便过滤操作的顺利进行。助滤剂是一种坚硬的粉状或纤维状的小颗粒,它的加入可以形成结构疏松且不可压缩的滤饼。

常用的助滤剂有硅藻土、珍珠岩粉、石棉粉、纸浆等。助滤剂的使用方法有以下两种:

①用助滤剂配成悬浮液,在正式过滤前用它进行过滤,在过滤介质上形成一层由助滤剂组成的滤饼,称为预涂。这种方法可以避免细颗粒堵塞介质的孔道,并可在一开始就能得到澄清的滤液。如果滤饼有黏性,此方法还可有助于滤饼的脱落。

②将助滤剂混在滤浆中一起过滤,这种方法得到的滤饼可压缩性减小、孔隙率大,可有效地降低过滤阻力。

2)过滤工艺条件

影响过滤速度最重要的因素是过滤压力。一般来说,过滤操作可分为恒速过滤和恒压过滤。在恒速过滤中,过滤速度恒定,而随着过滤的进行,滤饼不断增厚,或者滤饼因为受压而不断变得致密,导致流动阻力逐渐增大,因此为保证流速,操作压力也需要不断增大。恒压过滤则随着过滤过程流动阻力的增加,过滤速度逐渐降低。在实际生产中,一般采用先恒速过滤后恒压过滤的复合操作工艺。

3.2 离心分离技术

离心分离技术是指借助离心机旋转所产生的离心力的作用,促使不同大小、不同密度的粒子分离的技术。离心分离技术广泛应用于食品、生物制药生产中的固-液分离、液-液分离及不同大小的分子分离。离心分离具有分离速度快、分离效率高等优点,特别适合于固体颗粒小、液体黏度大、过滤速度慢及忌用助滤剂或助滤剂无效的场合;但离心分离也存在设备投资高、能耗大等缺点。根据分离原理的不同,离心分离可分为离心沉降和离心过滤两种方式。

3.2.1 影响离心效果的主要因素及控制

1) 离心力和相对离心力

离心力是粒子在离心场所受到的力。离心力的大小等于离心加速度 $r\omega^2$ 与颗粒质量 m 的乘积,即:

$$F_c = mr\omega^2 \tag{3.1}$$

式中　F_c——离心力,N;

　　　m——粒子质量,kg;

　　　r——粒子与轴心的距离,m;

　　　ω——角速度,rad/s。

从上式可以看出,离心力的大小与转速的平方成正比,也与旋转半径成正比。在转速一定的条件下,颗粒离轴心越远,其所受的离心力越大。其次,离心力的大小也与某径向距离上颗粒的质量成正比。因此在离心机的使用中,对已装载了被分离物的离心管的平衡提出了严格的要求:离心管要以旋转中心对称放置,质量要相等;旋转中心对称位置上两个离心管中的被分离物平均密度要基本一致,以免在离心一段时间后,此两离心管在相同径向位置上由于颗粒密度的较大差异,导致离心力的不同。如果疏忽此两点,都会使转轴扭曲或断裂,导致事故发生。

由于各种离心机转子的半径或者离心管至旋转轴中心的距离不同,离心力也随之变化。在实际应用中,常用到转速来表示离心条件,但在转速相同的情况下,如果转子半径不一样,将导致离心力也不一样,因此,在文献中常用"相对离心力(RCF)"或"数字×g"来表示离心力,如相对离心力为 5 000×g。只要 RCF 值不变,一个样品可以在不同的离心机上获得相同的结果。相对离心力(也称分离因素)是粒子所受到的离心力与其重力之比,即相对离心力 RCF 为:

$$\text{RCF} = \frac{F_c}{F_g} = \frac{mr\omega^2}{mg} = \frac{r(2\pi n/60)^2}{g} = 1.18\times10^{-3}n^2r \tag{3.2}$$

式中　RCF——相对离心力;

　　　F_c——重力,N;

　　　g——重力加速度,9.81 m/s²;

　　　n——转子每分钟的转数,r/min。

可见,离心力或相对离心力更真实地反映了粒子在不同离心机(或转子)中的实际情况。一般用相对离心力来表示高速或超速离心条件,而用转速(r/min)来表示低速离心条件。

2) 离心时间和 K 因子

离心分离时间与离心速度及粒子沉降距离关系为:

$$s = \frac{\ln r_2 - \ln r_1}{\omega^2(t_2 - t_1)} \tag{3.3}$$

式中　t_1, t_2——离心分离时间,s;

　　　r_1, r_2——分别为 t_1, t_2 时,粒子到离心机轴心的距离,m;

　　　s——沉降系数。

由上式可见,对于某一定的样品溶液,当需达到要求的沉降效果(沉降距离)时,离心时间与转速乘积为一定数,因此采用较低的转速、较长的离心时间或较高的转速、较短的离心时间,都可达到同样的离心效果。

若用 R_{min} 代替 r_1 表示旋转轴与样品溶液表面之间的距离,用 R_{max} 代替 r_2 表示旋转轴与离心管底部的距离,则样品颗粒从液面沉降到离心管底部的沉降时间 T 为:

$$T = \frac{\ln R_{max} - \ln R_{min}}{\omega^2 s} \tag{3.4}$$

T 的单位是秒(s),如果把 T 的单位换成小时(h),并用一个斯维德贝格单位(1 s = 1 × 10^{-13} s)替代,这样的沉降时间用 K 来表示,叫 K 因子。则:

$$K = 2.53 \times 10^{11} \frac{\ln R_{max} - \ln R_{min}}{n^2} \tag{3.5}$$

对于沉降系数为 S 的颗粒,沉降时间为:

$$T_s = \frac{K}{S} \tag{3.6}$$

式中 T_s——沉降时间,h。

市售转子以最高转速时的 K 因子作为此转子的主要特征参数,在大多数离心转子使用说明书上对每个转子都列出了不同转速时的 K 因子表,所给出的 K 因子均从转子的离心管孔顶部而不是从液面计算的,故实际 K 因子比理论 K 因子小。

3)离心操作温度

在生物分离与纯化操作过程中,很多蛋白质、酶都必须在低温下进行操作才能保持良好的生物活性,有些蛋白在温度变化的情况下易出现变性,或改变颗粒的沉降性质,影响分离效果,因此离心温度也必须严格控制。

除此之外,样品的理化性质如组成成分大小、形状、密度、黏度等,样品处理量及离心分离设备也对离心效果有影响。

3.2.2 离心分离设备

离心机是广泛使用的分离设备,实验室用离心机以离心管式转子离心机为主,离心操作为间歇式。图3.7为各种形式的离心转子。工业用离心设备一般要求有较大的处理能力,并可进行连续操作。离心分离设备根据其离心力(转速)的大小,可分为低速离心机、高速离心机和超速离心机。生化分离用离心机一般为冷却式,可在低温下操作,称为冷冻离心机。

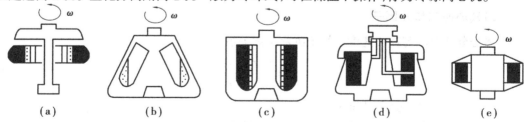

图 3.7 各种形式的离心机转子
(a)水平转子(静止时离心管垂直);(b)角转子;(c)垂直转子;(d)区带转子;(e)分析转子

工业离心分离设备中,较常用的有碟片式离心机和管式离心机两大类。

1)碟片式离心机

碟片式离心机是沉降式离心机的一种,是目前工业生产中应用最广泛的离心机。图 3.8 为碟片式离心机的结构简图,它有一个密封的转鼓,内装十至上百个锥顶角为 60°~100°的锥形碟片,悬浮液或乳浊液由中心进料管进入转鼓,从碟片外缘进入碟片间隙向碟片内缘流动。由于碟片间隙很小,形成薄层分离,固体颗粒或重液沉降到碟片内表面上后向碟片外缘滑动,最后沉积到鼓壁上。已澄清的液体或经溢流口或由向心泵排出。碟片式离心机的分离因数可达 3 000~10 000 g,由于碟片数多并且间隙小,从而增大了沉降面积,缩短了沉降距离,所以分离效果较好。

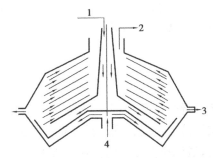

图 3.8　碟片离心机结构示意图
1—悬浮液;2—澄清液;3—固体颗粒出口;4—循环液

在出渣方式上除人工间隙出渣外,还可采用自动出渣离心机,可以实现连续操作,其中具有活门式自动出渣装置的碟片式离心机最为方便。

2)管式离心机

管式离心机是一种分离效率很高的离心分离设备,由于转鼓细而长(长度为直径的 6~7 倍),所以可以在很高的转速(15 000~50 000 r/min)下工作,而不至于使转鼓内壁产生过高压力。

管式离心机分离因数高达 $1×10^4~6×10^5$,适合固体粒子粒径为 0.01~100 μm、固体密度差大于 0.01 g/cm³、体积浓度小于 1% 的难分离悬浮液,可用于微生物细胞的分离。

管式离心机也是一种沉降式离心机,可用于液-液分离和固-液分离。当用于液-液分离时为连续操作,而用于固-液分离时则为间歇操作,操作一段时间后需将沉积于转鼓壁上的固体定期人工卸除。

管式离心机由转鼓、分离盘、机壳、机架、传动装置等组成,如图 3.9 和 3.10 所示。悬浮液在加压情况下由下部送入,经挡板作用分散于转鼓底部,受到高速离心力作用而旋转向上,轻液(或清液)位于转鼓中央,呈螺旋形运转向上移动,重液(或固体)靠近鼓壁。分离盘靠近中心处为轻液(或清液)出口孔,靠近转鼓壁处为重液出口孔。用于固-液分离时,将重液出口孔用石棉垫堵塞,固体则附于转鼓周壁,待停机后取出。

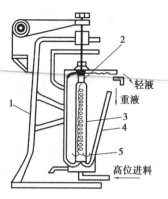

图 3.9　管式离心机结构示意图
1—机架;2—分离盘;3—转筒;4—机壳;5—挡板

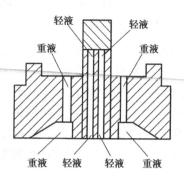

图 3.10　离心盘示意图

• 本章小结 •

固液分离是将固液多相混合体系中固体(细胞、菌体、细胞碎片及沉淀或结晶等)与液体分离开来的技术。固液分离主要包括过滤和离心两类单元操作技术。

依据过滤机理的不同,过滤操作可分为深层过滤和滤饼过滤。依据过滤过程的推动力不同,过滤过程可分为重力过滤、加压过滤、真空过滤、离心过滤。另外,依据过滤过程操作方式不同,过滤还可以分为间歇过滤和连续过滤。

板框过滤机是加压过滤机的代表,在各个领域中广泛应用。板框过滤机的优点是结构简单,过滤面积大,能分离某些含固形物较少的、难以过滤的悬浮液或胶体悬浮液,对固形物含量高的悬液也适用,滤饼的含水率低,可洗涤,维修方便,可用不同滤材以适应具有腐蚀性的物料。缺点是设备笨重,间歇操作,装拆板框劳动强度大,占地面积多,辅助时间长,生产效率低。近年来研制的全自动板框过滤机使这种加压过滤设备获得了新的进展。硅藻土过滤机的形式很多,目前使用比较广泛的有板框式、烛式、水平圆盘式 3 种。

离心分离是借助离心机旋转所产生的离心力的作用,促使不同大小、不同密度的粒子分离的技术。根据分离原理不同,离心分离分为离心沉降和离心过滤两种方式。

影响离心效果的主要因素有离心力、离心时间、操作温度。实验室用离心机以离心管式转子离心机为主,离心操作为间歇式。工业用离心设备一般要求有较大的处理能力并可进行连续操作。离心分离设备根据其离心力(转数)的大小,分为低速离心机、高速离心机和超高速离心机。

碟片式离心机是沉降式离心机的一种,是目前工业生产中应用最广泛的离心机。碟片式离心机的分离因数可达 3 000~10 000 g,由于碟片数多并且间隙小,所以分离效果较好。管式离心机是一种分离效率很高的离心分离设备,可以在很高的转速(转速可达15 000~50 000 r/min)下工作,管式离心机分离因数高达 $1×10^4~6×10^5$,适合固体粒子粒径为 0.01~100 μm、固体密度差大于 0.01 g/cm^3、体积浓度小于 1% 的难分离悬浮液,可用于微生物细胞的分离。

 复习思考题

1.简述工业上常用的各种过滤设备及其特点。

2.简述板框过滤机的过滤原理。

3.简述硅藻土过滤机的过滤原理及类型。

4.简述影响离心分离效果的因素及其选择。

5.简述碟片离心机和管式离心机各自的特点和用途。

第4章　细胞破碎技术

📖【学习目标】

➤了解各种细胞细胞壁的组成与结构特点。

➤理解常见的细胞破碎方法及原理。

➤掌握各种常见细胞破碎方法的特点与应用范围。

➤了解细胞破碎效果的检测。

📖【能力目标】

➤掌握细胞破碎方法的选择依据。

➤能根据样品特点正确选择合适的破碎方法。

在生物分离过程中,目的产物有些由细胞直接分泌到细胞外的培养液中,有些则在细胞培养过程中不能分泌到胞外的培养液中,而保留在细胞内。动物细胞培养的产物,大多分泌在细胞外培养液中;微生物的代谢产物,有的分泌在细胞外,也有许多是存在于细胞内部;而植物细胞产物,多为胞内物质。分泌到细胞外的产物,用适当的溶剂可直接提取,而存在于细胞内的,需要在分离与纯化过程之前先收集细胞并将其破碎,使细胞内的目的产物释放到液相中,然后再进行提纯。细胞破碎就是采用一定的方法,在一定程度上破坏细胞壁和细胞膜,设法使胞内产物最大程度地释放到液相中,破碎后的细胞浆液经固液分离除去细胞碎片后,再采用不同的分离手段进一步纯化。可见,细胞破碎是提取胞内产物的关键步骤。

4.1　细胞壁的组成与结构

不同生物的细胞结构、组成和强度不同,动物、植物和微生物细胞的结构相差很大,而原核细胞和真核细胞也不同。动物细胞没有细胞壁,只有脂质、蛋白质组成的细胞膜,易于破碎。植物和微生物细胞外层均有细胞壁,细胞壁内是细胞膜,通常细胞壁较坚韧,细胞膜较脆弱,易受渗透压冲击而破碎,所以细胞破碎的主要阻力来自于细胞壁。

4.1.1　微生物细胞壁组成与结构

1)细菌的细胞壁

几乎所有细菌的细胞壁都是由坚固的骨架——肽聚糖组成。革兰氏阳性菌的细胞壁主要由肽聚糖层组成,细胞壁较厚,有 15~50 nm;革兰氏阴性菌的细胞壁肽聚糖层有 1.5~2.0 nm,在肽聚糖层的外侧分别由脂蛋白和脂多糖及磷脂构成的两层外壁层,有 8~10 nm。因此,革兰氏阳性菌的细胞壁比革兰氏阴性菌坚固,较难破碎。如图 4.1 所示。

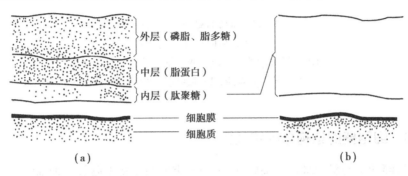

图 4.1　细菌细胞壁组成与结构
(a)革兰氏阴性菌;(b)革兰氏阳性菌

2)酵母菌的细胞壁

酵母菌的细胞壁由葡聚糖、甘露聚糖和蛋白质构成,最里层由葡聚糖的细纤维组成,构成了细胞壁的刚性骨架;覆盖其上的是糖蛋白,最外层是甘露聚糖的网状结构,其内部是甘露聚糖-酶的复合物,整个细胞壁厚度约 70 nm,并随着菌龄增加而增加。因此,酵母的细胞壁比革兰氏阳性菌的细胞壁厚,更难破碎。

3)霉菌的细胞壁

霉菌的细胞壁较厚,有 100~250 nm,主要由多糖组成,其次还含有较少量的蛋白质和脂类。不同的霉菌,细胞壁的组成有很大的不同,其中大多数霉菌的多糖壁是由几丁质和葡聚糖构成。几丁质是由数百个 N-乙酰葡萄糖胺分子以 β-1,4-葡萄糖苷键连接而成的多聚糖。少数低等水生真菌的细胞壁由纤维素构成。

4.1.2　植物细胞壁组成与结构

植物细胞壁主要组成成分包括多糖类(纤维素、半纤维素、果胶等)、蛋白类(结构蛋白、酶、凝聚素等)、多酚类(木质素等)和脂质化合物。较为普遍接受的植物细胞壁模型是经纬模型。该模型认为,细胞壁是由纤维素微纤丝和伸展蛋白质交织而成的网络,悬浮在亲水的果胶-半纤维素胶体中。纤维素微纤丝的排列方向与细胞壁平行,构成了细胞壁的"经",伸展蛋白环绕在微纤丝周围,排列方向与细胞壁垂直,构成了细胞壁的"纬",如图 4.2 所示。具有不同功能的植物细胞往往结构上有相应的变化,如木质化、栓质化和角质化等。因此,对于不同植物细胞要区别对待。

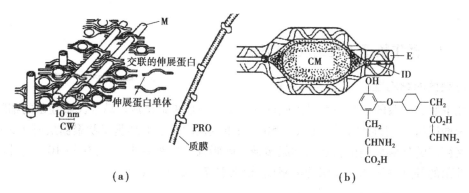

图 4.2　植物细胞壁的组成与结构图

(a)切面观;(b)透视观

CM—纤维素的微纤丝;CW—细胞壁;E—伸展蛋白;

ID—异二酪氨酸;M—微纤丝;PRO—原生质体

4.1.3　细胞壁的结构与细胞破碎

细胞破碎的主要阻力来自于细胞壁,不同种类的微生物细胞及同种细胞在不同的环境下,其细胞壁的结构不同,因此破碎性能随菌体的种类和生长环境的不同而不同。一般说来,酵母菌较细菌难破碎,处于静止状态的细胞较处于快速生长状态的细胞难破碎,在复合培养基上培养的细胞比在简单合成培养基上培养的细胞较难破碎。

微生物细胞壁的形状和强度取决于构成细胞壁的聚合物,以及它们相互交联或与其他壁组分交联的强度。各种微生物细胞壁的结构和组成差异很大,由遗传信息、生长环境和菌龄等因素决定。如真菌细胞壁中含有几丁质或纤维素的纤维状结构,所以强度有所提高。破碎细胞壁的主要阻力是网状结构的共价键。

在机械破碎中,细胞的大小和形状以及细胞壁的厚度和聚合物的交联程度是影响破碎难易程度的重要因素。细胞个体小、呈球形、壁厚、聚合物交联程度高是最难破碎的。虽然通过改变遗传密码或者培养的环境因素可以改变细胞壁的结构,但到目前为止还没有足够的数据表明利用这些方法可以提高机械破碎的破碎率。

在使用酶法和化学法溶解细胞时,细胞壁的组成最重要,其次是细胞壁的结构。了解细胞壁的组成和结构,有助于选择合适的溶菌酶和化学试剂,以及在使用多种酶或化学试剂相结合时确定其使用的顺序。

4.2　细胞破碎的方法

细胞破碎的目的是释放出胞内产物,其方法很多。根据作用方式不同,可分为机械法和非机械法两大类。传统的机械破碎主要有匀浆法、研磨法和超声波破碎等方法;常见的非机械法包括渗透、酶溶、冻融和化学法等。除高压匀浆法和研磨法在实验室和在工业上都得到应用外,超声波法和其他方法大多处在实验室应用阶段,其工业化的应用还受到诸多因素的限制。机械破碎处理量大、破碎率高、速度快,是工业规模细胞破碎的主要手段,随着科学研究的不断进步,一些新的方法也在不断发展和完善,如激光破碎、冷冻-喷射和相向流撞击等。

4.2.1　机械法

1) 旋刀式匀浆法

旋刀式匀浆是机体组织破碎最常用的方法之一,其工作原理是通过固体剪切力破碎组织和细胞,释放细胞内含物进入溶液。这是一种剧烈的破碎细胞方法。匀浆器(转速 8 000～10 000 r/min)处理 30～45 s,植物和动物细胞能完全破碎。如用其破碎酵母菌和细菌的细胞时,须加入石英砂才有效。但在捣碎期间必须保持低温,以防温度升高引起有效成分变性,因此匀浆的时间不宜太长。市售的旋刀式匀浆器主要是高速组织捣碎机。匀浆是简便、迅速和风险小的组织破碎方法,是实验室细胞破碎首先考虑的方法之一。

2) 高压匀浆法

高压匀浆法是大规模细胞破碎的常用方法,又称高压剪切破碎,所用设备是高压匀浆器,由高压主泵和匀浆阀组成,如图 4.3 所示。高压匀浆器的破碎原理是利用高压使细胞悬浮液通过针形阀,由于突然减压和高速冲击撞击环使细胞破碎。在高压匀浆器中,高压室的压力高达几十个兆帕,细胞悬浮液自高压室针形阀喷出时,每秒速度可达几百米。这种高速喷出的浆液射到静止的撞击环上,被迫改变方向从出口管流出。细胞在这一系列高速运动进程中经历了剪切、碰撞及由高压到常压的变化,从而造成细胞破碎。高压匀浆器的操作压力通常为50～100 MP。

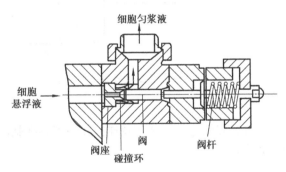

图 4.3　高压匀浆器结构简图

高压匀浆法适用于酵母和大多数细菌细胞的破碎,料液细胞质量浓度可达到 200 g/L 左右,但不宜破碎易造成堵塞的团状或丝状真菌以及含有包涵体的基因工程菌,因为包含体质地坚硬,易损伤匀浆阀。为保护目标产物的生物活性,需对料液作冷却处理,多级破碎操作中需在级间设置冷却装置。因为料液通过匀浆器的时间很短(20～40 ms),通过匀浆器后迅速冷却,可有效防止温度上升,保护产物活性。

高压匀浆法中影响破碎的主要因素是压力、温度和通过匀浆器的次数。一般说来,增大压力和增加破碎次数都可以提高破碎率,但当压力增大到一定程度后,对匀浆器的磨损较大。在工业生产中,通常采用的压力为 55～70 MPa。为了控制温度的升高,可在进口处用干冰调节温度,使出口温度调节在 20 ℃ 左右。在工业规模的细胞破碎中,对于酵母等难破碎的及高浓度的细胞或处于生长静止期的细胞,常采用多次循环的操作方法。

高压匀浆器种类较多,如 WAB 公司的 AVP Gaulin 31MR 型的最大操作压力为 24 MPa,最大处理量为 100 L/h;Bran Luebbe 公司的 SHL40 型的最大操作压力为 63 MPa,最大处理量达 2.6~34 m³/h。

3)喷雾撞击破碎法

细胞是弹性体,比一般的刚性固体粒子难于破碎。若将细胞冷冻可使其成为刚性球体,则可以降低破碎难度。喷雾撞击破碎正是基于这样的原理。细胞悬浮液以喷雾状高速冻结,形成粒径小于 50 μm 的微粒子。高速载气(如氮气,流速约 300 m/s)将冻结的微粒子送入破碎室,高速撞击撞击板,使冻结的细胞发生破碎,如图 4.4 所示。

喷雾撞击破碎的特点是:细胞破碎仅发生在与撞击板撞击的一瞬间,细胞破碎程度均匀,可避免细胞反复受力发生过度破碎的现象。另外,细胞破碎程度可通过无级调节载气压力(流速)控制,避免细胞内部结构的破坏,适用于细胞器(如线粒体、叶绿体等)的回收。

喷雾撞击破碎适用于大多数微生物细胞和植物细胞的破碎,通常处理细胞悬浮液质量浓度为 100~200 g/L。实验室规模的撞击破碎器间歇处理能力为 50~500 mL,而工业规模的连续处理能力在 10 L/h 以上。

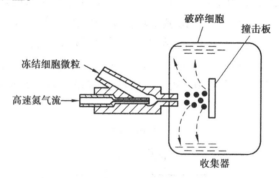

图 4.4　喷雾撞击破碎器结构示意图

4)研磨法

研磨法是借助研磨中磨料和细胞间的剪切及碰撞作用破碎细胞。研磨法根据处理样品量可分为手动研磨法和珠磨法。

(1)手动研磨法

手动研磨法是在研钵内进行,将样品与磨料研磨成糊状。常用的磨料为石英砂、氧化铝。有时为了增强研磨效果,可将样品溶液冷冻形成冰晶体,在研磨过程中不断加入干冰或液氮,以保持研磨在冷冻状态下进行。此法较温和,适宜实验室应用。但加石英砂或氧化铝时,要注意其对有效成分的吸附作用。另外,石英砂或氧化铝用前应做清洁处理。

(2)珠磨法

珠磨法是利用玻璃珠与细胞悬浮液一起快速搅拌,由于研磨作用,使细胞获得破碎。该法应视为研磨法的扩展。小量样品(湿重不超过 3 g)可在试管内进行,大量样品需使用特制的高速珠磨机,如图 4.5 所示。珠磨机的破碎室内填充玻璃(密度为 2.5 g/mL)或氧化锆(密度为 6.0 g/mL)微珠(粒径为 0.1~1.0 mm),填充率为 80%~85%。在搅拌浆的高速搅拌下微珠高速运动,微珠和微珠之间以及微珠和细胞之间发生冲击和研磨,使悬浮液中的细胞受到研磨剪切和撞击而破碎,破碎产生的热量一般采用夹套冷却的方式带走,珠磨法破碎细胞可采用间歇或连续操作。

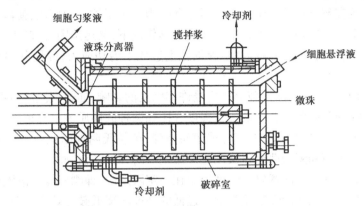

图 4.5　珠磨机结构示意图

影响细胞破碎程度的因素有珠体的大小、珠体在磨室中的装量、搅拌速度、操作温度,除此之外还有料液的循环流速、细胞悬浮液的浓度等。

①珠体的大小。珠体的大小应以细胞大小、种类、浓度、所需提取的酶在细胞中的位置关系,以及连续操作时不使珠体带出作为选择依据。一般来说,磨珠越小,细胞破碎的速度也越快,但磨珠太小易于漂浮,并难以保留在研磨机的腔体,所以它的尺寸不能太小。通常在实验室规模的研磨机中,珠径为 0.2 mm 较好,而在工业规模操作中,珠粒直径不得小于 0.4 mm。

②珠体在磨室中的装量。珠体的装量要适中。装量少时,细胞不易破碎;装量多时,能量消耗大,研磨室热扩散性能降低,引起温度升高,给细胞破碎带来困难。因此研磨机腔体内的填充密度应该控制在 80%~90%,并随珠粒直径的大小而变化。

③搅拌速度。增加搅拌速度能提高破碎效率,但过高的速度反而会使破碎率降低,能量消耗增大,所以搅拌速度应适当。

④操作温度。操作温度在 5~40 ℃ 范围内对破碎物影响较小,温度高时,细胞较易破碎,但操作温度的控制主要考虑的是破碎物,特别是目的产物不受破坏。为了控制温度,可采用冷却夹套和搅拌轴的方式来调节珠磨室的温度。

延长研磨时间、增加珠体装量、提高搅拌转速和操作温度等都可有效地提高细胞破碎率,但高破碎率将使能耗大大增加。当破碎率超过 80% 时,单位破碎细胞的能耗明显上升。除此以外,高破碎率带来的问题还有:产生较多的热能;增大了冷却控温的难度;大分子目的产物的失活损失增加;细胞碎片较小,分离碎片不易,给下一步操作带来困难。因此,珠磨法的破碎率一般控制在 80% 以下。此外,破碎率的确定主要是根据产物的总收率,并兼顾下游提取与纯化过程。

珠磨法适用于绝大多数微生物细胞的破碎,但与高压匀浆法相比,影响破碎率的操作参数较多,操作过程的优化设计较为复杂。

5)超声波破碎法

超声波破碎法是利用超声波振荡器发射 15~25 kHz 的超声波来处理细胞悬浮液,从而使细胞破碎。超声波振荡器有不同的类型,常用的为电声型,它是由发声器和换能器组成,发生器能产生高频电流,换能器的作用是把电磁振荡转换成机械振动。超声波振荡器又可分为槽式和探头直接插入介质两种形式,一般破碎效果后者比前者好。

超声波破碎细胞,其机理可能与液体中空穴的形成有关。当超声波在液体中传播时,液体中的某一小区域交替重复地产生巨大的压力和拉力。由于拉力的作用,使液体拉伸而破裂,从而出现细小的空穴。这种空穴泡在超声波的继续作用下,又迅速闭合,产生一个极为强烈的冲击波压力,由它引起的黏滞性漩涡在悬浮细胞上造成了剪切应力,促使其内部液体发生流动,而使细胞破碎。

超声波处理细胞悬浮液时,破碎作用受许多因素的影响,如超声波的声强、频率、液体的温度、压强和处理时间等,此外介质的离子强度、pH 和菌种的性质等也有很大的影响。不同的菌种用超声波处理的效果也不同,杆菌比球菌易破碎,革兰氏阴性菌比革兰氏阳性菌易破碎,酵母菌效果较差。细菌和酵母菌悬浮液用超声波处理时,时间宜长些。

使用超声波破碎必须注意要将强度控制在一定限度内,即刚好低于溶液产生泡沫的水平。因为产生泡沫会导致某些活性物质失活。过低的强度将降低破碎效率。最好在正式实验前用多余样品试超,调校超声波发生器在稍低于产生泡沫的强度。正式超声波破碎样品时,强度只能在预定位置附近做微小调整。

超声波破碎的优点是在处理少量样品时操作简便,液量损失少。其缺点是易使生物物质变性失活,噪声令人难以忍受,大容量装置声能传递、散热均有困难。为了防止电器长时间运转产生过多的热量,常采用间歇处理和在冰水或有外部冷却的容器中进行。因此,目前主要用于实验室规模的细胞破碎。

4.2.2 非机械法

1) 物理法

（1）溶胀法

细胞膜为天然的半透膜,在低渗溶液如低浓度的稀盐溶液中,由于存在渗透压差,特定溶剂分子大量进入细胞,引起细胞膜发生胀破的现象称溶胀。溶胀法就是利用了细胞的溶胀现象来进行细胞破碎,又称作渗透压冲击法。例如,红细胞置于清水中会迅速溶胀破裂并释放出血红素。

常规的溶胀法是将一定体积的细胞液加入到 2 倍体积的水中。由于细胞中的溶质浓度高,水会不断渗进细胞内,致使细胞膨胀变大,最后导致细胞破裂。对于大规模的动物细胞,特别是血液细胞,用快速改变介质中盐浓度引起渗透冲击使之破碎,是十分有效的。

目前,溶胀法发展到预先用高渗透压的介质浸泡细胞来进一步增加渗透压。通常是将细胞转置于高渗透压的介质(如较高浓度的甘油或蔗糖溶液)中,达到平衡后,将介质突然稀释或将细胞转置于低渗透压的水或缓冲溶液中。在渗透压的作用下,水渗透通过细胞壁和膜进入细胞,使细胞壁和膜膨胀破裂。

溶胀法是在各种细胞破碎法中最为温和的一种,适用于易于破碎的细胞,如动物细胞和革兰氏阴性菌。

（2）冻融法

冻融法是将细胞在低温(约-15 ℃)条件下急剧冻结后在室温缓慢融化,此冻结—融化操作反复进行多次,从而使细胞受到破坏。

冻融法破壁的机理有两点:一是在冷冻过程中会促使细胞膜的疏水键结构破裂,从而增加细胞的亲水性能;二是冷冻时胞内水结晶,形成冰晶粒,引起细胞膨胀而破裂。

冻融法对于存在于细胞质周围靠近细胞膜的胞内产物释放较为有效,但溶质靠分子扩散释放出来,速度缓慢,因此冻融法在多数情况下效果不显著。

(3) 干燥法

经干燥后的细胞,其细胞膜的渗透性发生变化,同时部分菌体会产生自溶,然后用丙酮、丁醇或缓冲液等溶剂处理时,胞内物质就会被抽提出来。

干燥法的操作可分空气干燥、真空干燥、喷雾干燥和冷冻干燥等。空气干燥主要适用于酵母菌,一般在 25~30 ℃的热气流中吹干,然后用水、缓冲液或其他溶剂抽提。空气干燥时,部分酵母可能产生自溶,所以较冷冻干燥、喷雾干燥容易抽提。真空干燥适用于细菌的干燥,把干燥成块的菌体磨碎再进行抽提。冷冻干燥适用于不稳定的生化物质,在冷冻条件下磨成粉,再用缓冲液抽提。干燥法条件变化较剧烈,容易引起蛋白质或其他物质变性。

物理法破碎效率较低、产物释放速度低、处理时间长,不适于大规模细胞破碎的需要,多局限于实验室规模的小批量应用。

2) 化学法

采用化学法处理,可以溶解细胞或抽提胞内组分。常用的化学试剂有酸、碱、表面活性剂和有机溶剂等。酸处理可以使蛋白质水解成氨基酸,通常采用 6 mol/L HCl。碱和表面活性剂能溶解细胞壁上脂类物质,或使某些组分从细胞内渗漏出来。天然的表面活性剂有胆酸盐和磷脂等。合成的表面活性剂可分离子型和非离子型。离子型如十二烷基硫酸钠(SDS,阴离子型)、十六烷基三甲基溴化铵(阳离子型);非离子型如 Triton X-100、吐温(Tween)等。在一定条件下,表面活性剂能与脂蛋白结合,形成微泡,使膜的通透性增加或使其溶解。如对于胞内的异淀粉酶,可加入 0.1%十二烷基硫酸钠或 0.4% Triton-100 于酶液中作为表面活性剂,30 ℃振荡 30 h,异淀粉酶就能较完全地被抽提出来,所得酶活性比机械破碎高。

有机溶剂可采用丁酯、丁醇、丙酮、氯仿和甲苯等。这些脂溶性有机溶剂能溶解细胞壁的磷脂层,使细胞结构破坏。如存在于大肠杆菌细胞内的青霉素酰化酶,可利用醋酸丁酯来溶解细胞壁上脂质,使酶释放出来。

化学法具有产物的释出选择性好、细胞外形较完整、碎片少、核酸等胞内杂质释放少、便于后步分离等优点,故使用较多。但该法容易引起活性物质失活破坏,因此根据生化物质的稳定性来选择合适的化学试剂和操作条件是非常重要的。另外,化学试剂的加入常会给随后产物的纯化带来困难,并影响最终产物纯度。例如,表面活性剂存在常会影响盐析中蛋白质的沉淀和疏水层析,因此必须注意除去。

3) 酶溶法

酶溶法是利用能溶解细胞壁的酶处理细胞,使细胞壁受到部分或完全破坏后,再利用渗透压冲击等方法破坏细胞膜,最后导致细胞破碎。因此,利用此方法处理细胞必须根据细胞的结构和化学组成选择适当的酶。常用的有溶菌酶、β-1,3-葡聚糖酶、β-1,6-葡聚糖酶、蛋白酶、甘露糖酶、糖苷酶、肽链内切酶、壳多糖酶、蜗牛酶等。细菌主要用溶菌酶处理,酵母需用几种酶进行复合处理。使用溶菌酶系统时要注意控制温度、酸碱度、酶用量、先后次序及时间。

溶菌酶适用于革兰氏阳性菌细胞壁的分解,应用于革兰氏阴性菌时,需辅以 EDTA 使之更有效地作用于细胞壁。真核细胞的细胞壁不同于原核细胞,需采用不同的酶。酵母细胞的溶解需用消解酶(几种细菌酶的混合物)、β-1,6-葡聚糖酶或甘露糖酶;破坏植物细胞壁需用纤维素酶。

通过调节温度、pH 或添加有机溶剂,诱使细胞产生溶解自身的酶的方法也是一种酶溶法,称为自溶。例如,酵母在 45~50 ℃下保温 20 h 左右,可发生自溶。

酶溶法是细胞破碎的有效方法。酶溶法条件温和,酶加到细胞悬浮液中能迅速与细胞壁反应使其破碎且选择性强,但酶价格昂贵、通用性差,有时存在产物抑制,使得此法很难应用于大规模工业生产中。

4.3　选择破碎方法的依据

4.3.1　细胞破碎效果的检查

细胞的破碎效果可以用破碎率来表示。破碎率定义为被破碎细胞的数量占原始细胞数量的百分比,可采用以下几种测定方法:

1)直接测定法

利用适当的方法检测破碎前后的细胞数量即可直接计算其破碎率。对于破碎前的细胞,可利用显微镜或电子微粒计数器直接计数。破碎过程中所释放出的物质如 DNA 和其他聚合物组分会干扰计数,可采用染色法把破碎的细胞与未受损害的完整细胞区分开来,以便于计数。

2)目的产物测定法

细胞破碎后,通过测定破碎液中目的产物的释放量来估算破碎率。通常将破碎后的细胞悬浮液用离心法分离细胞碎片,测定上清液中目的产物如蛋白质或酶的含量或活性,并与 100%破碎率获得的标准数值比较,计算其破碎率。

3)测定导电率

细胞破碎后,大量带电荷的内含物被释放到水相,使导电率上升。导电率随着破碎率的增加而呈线性增加。由于导电率的大小取决于微生物的种类、处理的条件、细胞的浓度、温度和悬浮液中原电解质的含量等,因此正式测定前,应预先用其他方法制定标准曲线。

4.3.2　选择破碎方法的依据

机械法和非机械法各有不同的特点。机械法依靠专用设备,利用机械力的作用将细胞切碎,所以细胞碎片细小,胞内物质一般都全部释放,故核酸、杂蛋白等含量高,料液黏度大,给后续的固-液分离带来较大困难。但也有很多优点,如设备通用性强、破碎效率高、操作时间短、成本低、大多数方法都适合于大规模工业化等。非机械法是利用化学试剂或物理因素等来破坏局部的细胞壁或提高壁的通透性,故细胞破碎率低,胞内物质释放的选择性好,固-液分离容易。但往往破碎率较低,耗费时间长,某些方法成本高,一般仅适合小规模。通常在选择破碎方法时,应从以下 4 个方面进行考虑:

1) 细胞的处理量

若处理量很大,则宜采用机械法;若处理量仅为实验室规模,则应选用非机械法。

2) 细胞壁的强度和结构

细胞壁的强度除取决于网状高聚物结构的交联程度外,还取决于构成壁的聚合物种类和壁的厚度,如酵母和真菌的细胞壁与细菌相比,含纤维素和几丁质、强度较高,故在选用高压匀浆法时,后者就比较容易破碎。某些植物细胞纤维化程度大、纤维层厚、强度很高,破碎也较困难。在机械法破碎中,破碎的难易程度还与细胞的形状和大小有关,如高压匀浆法对酵母菌、大肠杆菌、巨大芽孢杆菌和黑曲霉等微生物细胞都能很好适用,但对某些高度分枝的微生物,由于会阻塞匀浆器阀而不能适用。在采用化学法和酶法破碎时,更应根据细胞的结构和组成选择不同的化学试剂或酶,这主要是因为它们作用的专一性很强。

3) 目的产物对破碎条件的敏感性

生化物质通常稳定性较差,在决定破碎条件时,既要有高的释放率,又必须确保其稳定。例如在采用机械法破碎时,要考虑剪切力的影响;在选择酶解法时,要考虑酶对目的产物是否具有降解作用;在选择有机溶剂或表面活性剂时,要考虑不能使蛋白质变性。此外,破碎过程中溶液的 pH、温度、作用时间等都是重要的影响因素。

4) 破碎程度

细胞破碎后的固-液分离往往是一个要突出解决的问题。机械法破碎(如高压匀浆法)常会使细胞碎片变得很细小,导致固-液分离变得很困难,因此对于破碎操作条件的控制很重要。

· **本章小结** ·

细胞破碎就是采用一定的方法,在一定程度上破坏细胞壁和细胞膜,使胞内产物最大程度地释放到液相中。

细胞破碎的主要阻力来自于细胞壁,不同种类的微生物细胞及同种细胞在不同的环境下,其细胞壁的结构不同,因此破碎性能随菌体的种类和生长环境的不同而不同。一般来说,酵母菌较细菌难破碎,处于静止状态的细胞较处于快速生长状态的细胞难破碎,在复合培养基上培养的细胞比在简单合成培养基上培养的细胞较难破碎。

细菌的细胞壁都是由坚固的骨架——肽聚糖组成。革兰氏阳性菌的细胞壁比革兰氏阴性菌坚固,较难破碎。酵母菌的细胞壁由葡聚糖、甘露聚糖和蛋白质构成。霉菌的细胞壁较厚,有 10~250 nm,主要由多糖组成,其次还含有较少量的蛋白质和脂类。植物细胞壁主要组成成分包括多糖类(纤维素、半纤维素、果胶等)、蛋白类(结构蛋白、酶、凝聚素等)、多酚类(木质素等)和脂质化合物。

细胞破碎主要采用各种机械破碎法或机械破碎法和化学破碎法的结合,机械破碎中细胞所受的机械作用力主要有压缩力和剪切力。传统的机械破碎主要有匀浆法、研磨法和超声波破碎等方法;常见的非机械法包括渗透、酶溶、冻融和化学法等。

细胞的破碎效果可以用破碎率来表示。破碎率定义为被破碎细胞的数量占原始细胞数量的百分比。破碎率的测定方法有直接测定法、目的产物测定法、测定导电率法。在选择破碎方法时,应从以下 4 个方面考虑,即细胞的处理量、细胞壁的强度和结构、目的产物对破碎条件的敏感性、破碎程度。

 复习思考题

1.比较各类微生物细胞壁和植物细胞壁组成与结构特点。

2.简述常见的细胞破碎方法及原理。

3.简述细胞破碎程度的评价方法。

4.细胞破碎方法选择的依据有哪些?

第5章 萃取技术

【学习目标】

➤理解溶剂萃取的基本原理与流程。

➤理解双水相萃取的基本原理与流程。

➤理解超临界相萃取的基本原理与流程。

➤掌握影响溶剂萃取、双水相萃取和超临界相萃取的主要因素。

【能力目标】

➤能熟练进行溶剂萃取操作。

➤熟悉 CO_2 超临界相萃取设备的使用和维护方法。

萃取是依据混合物中不同组分在两相之间的分配系数差异而使得目的组分分离出来的一门技术。在萃取过程中所用的流体称为萃取剂,萃取所得到的混合物称为萃取相,被萃取出溶质后的原料(液体或固体)称为萃余相。如果被萃取的目的物在细胞内呈固相或与固体结合存在,萃取时由固相转入液相,常称为固−液萃取,亦称浸取;如目的物呈液相存在,萃取时由一液相转入另一互不相溶的液相,称为液−液萃取,亦称抽提。液−液萃取常用有机溶剂作为萃取剂,因而液−液萃取也称为溶剂萃取;如果萃取剂是超临界流体,则称为超临界萃取。

根据萃取剂的种类和形式不同,可将萃取技术分为溶剂萃取、双水相萃取、反胶团萃取、凝胶萃取、超临界萃取等。这些分离技术可应用于许多高品质的天然物质、胞内物质,包括胞内酶、蛋白质、多肽和核酸等的分离与提取环节中。

萃取是一种初级分离技术。所得到的萃取相仍是一种均相混合物,但通过萃取技术可使目的物从较难分离的体系中转入到较易分离的体系中,为目的物的进一步分离与纯化提供了便利条件。

5.1　溶剂萃取技术

溶剂萃取技术是指利用一种溶质组分(如目的产物)在两个不相混溶的液相(如水相和有机溶剂相)中竞争性溶解和分配性质上的差异来进行分离的技术。常用的萃取剂均为有机溶

剂,因此溶剂萃取特别适合于非极性或弱极性物质的提取。溶剂萃取技术具有如下特点:

①对热敏性物质破坏小。

②采用多级萃取时,溶质浓缩倍数和纯化度较高。

③便于实现连续生产,且生产周期短。

④溶剂消耗量大,对生产设备和安全要求高,需要做好防火、防爆措施。

5.1.1　溶剂萃取的基本原理

溶剂萃取以溶质在基本不相混溶的两相溶剂中的溶解度不同(分配系数差异)为基础,其基本过程如图 5.1 所示。

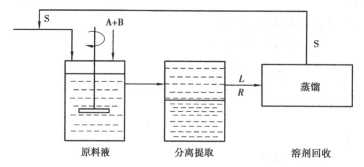

图 5.1　溶剂萃取的过程示意图

原料液中含有 A 和 B 两种溶质,将一定量的萃取剂 S 加入原料液中,然后进行搅拌,使原料液与萃取剂充分混合,溶质可通过相界面由原料液向萃取剂中扩散。搅拌停止后,当达到溶解平衡时,两液相因密度不同而出现分层。上层为轻相,以萃取剂为主,并溶有较多的目的组分 A,同时含有少量的组分 B,称为萃取相,用 L 表示;下层为重相,以原溶剂为主,含有较多的 B 组分,且含有未被萃取完全的 A 组分,称为萃余相,用 R 表示。

由上述介绍可知,萃取操作后并未得到纯净的目的组分 A,而是新的混合液:萃取相 L 和萃余相 R。为了得到产品 A,并回收溶剂以供循环使用,仍需对这两相分别进行分离。通常可采用蒸馏或蒸发的方法,有时也可采用结晶技术等。

溶剂萃取是溶质在互不相溶的两种液相之间进行分配的过程,溶质在两相中的分布服从分配定律。即在一定温度、压力下,某组分在互相平衡的 L 相与 R 相中的组成之比称为该组分的分配系数,以 K 表示,即

$$K_A = \frac{\text{溶质 A 在 L 相中的浓度 } Y_A}{\text{溶质 A 在 R 相中的浓度 } X_A} \tag{5.1}$$

$$K_B = \frac{\text{溶质 B 在 L 相中的浓度 } Y_B}{\text{溶质 B 在 R 相中的浓度 } X_B} \tag{5.2}$$

K 值反映了被萃取组分在两相中的分配情况,K 值越大,说明萃取剂对溶质的萃取效果越好。对于 A 和 B 两种溶质,两者的 K 值相差越大,说明萃取剂对两种溶质的选择性分离越好,选择性可用分离因素 β 来表征:

$$\beta = \frac{K_A}{K_B} \tag{5.3}$$

若 $\beta > 1$,说明组分 A 在萃取相中的相对含量比萃余相中的高,即组分 A 和 B 得到了一定程度的分离。显然,K_A 值越大、K_B 值越小,β 就越大,组分 A 和 B 的分离也就越容易,相应的萃取剂的选择性也就越高,则完成分离任务所需的萃取剂用量也就越少,相应的用于回收溶剂操作的能耗也就越低。若 $\beta = 1$,表示 A 和 B 两组分在 L 相和 R 相中分配系数相同,不能用萃取的方法对 A 和 B 进行分离。

另外,式(5.1)、式(5.2)和式(5.3)有一定的适用范围:

①应为稀溶液。

②被萃取组分对溶剂的相互溶解性没有影响。

③被萃取组分在两相中必须是同一类型的分子,即不发生缔合或解离。如青霉素在水相中发生解离,而在有机相中不解离,解离和不解离的青霉素是不同的分子类型,故不遵守上述规律。

5.1.2　萃取剂的选择

溶剂萃取时所选择的萃取剂应具备以下条件:

①较大的分配系数和分离因素。即对目的萃取物有较大的溶解度,对其他非目的萃取物溶解度较小,这样才能保证较好的萃取效果和良好的选样性。可根据"相似相溶"的原则来选则萃取剂。

②溶剂与被萃取的液相互溶度要小,黏度低,界面张力适中,利于相的分散和两相分离。

③溶剂的回收和再生容易,化学稳定性好。

④溶剂应价廉易得。

⑤溶剂的安全性要好,如具备闪点高、低毒等。

常用的溶剂可分为低毒性(乙醇、丙醇、丁醇、乙酸乙酯、乙酸丁酯、乙酸戊酯等)、中等毒性(甲苯、甲醇、环己烷等)和强毒性(苯、氯、四氯化碳等)。在生物分离与纯化过程中,常用的萃取剂有乙酸乙酯、乙酸丁酯、乙酸戊酯和丁醇等。

5.1.3　溶剂萃取的工艺流程

在工业生产过程中,完整的萃取工艺流程通常包括以下 3 个过程:

①混合。将原料液和萃取剂在萃取设备内充分混合,形成乳浊液,使待分离组分从原料液中转入萃取剂中。

②分离。将乳浊液通过分离设备分成萃取相和萃余相。

③回收。将萃取剂从萃取相和萃余相中除去,加以回收和循环再利用。

根据原料液与萃取剂的接触方式不同,萃取过程通常包括单级萃取和多级萃取两种方式,后者又可分为多级错流萃取和多级逆流萃取。

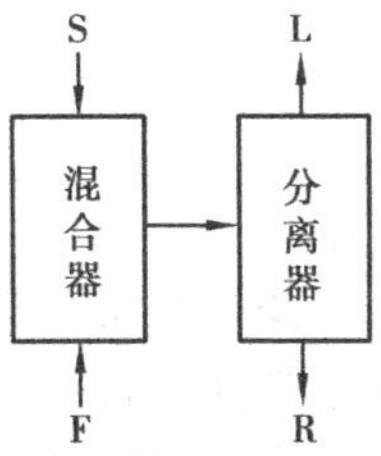

1)单级萃取

只用一个混合器和一个分离器的萃取成为单级萃取,如图 5.2 所

图 5.2　单级萃取示意图

示。原料液 F 和萃取剂 S 加入混合器中进行充分混合,目的产物由一相转入另一相,再用分离器分离后得到萃取相 L 和萃余相 R。

单级萃取流程简单,由于只萃取操作了一次,所以不能对原料液进行较完全的分离,萃取效率不高,萃余相中仍含有较多的溶质。单级萃取操作可以采用间歇式也可以采用连续式,特别是当萃取剂分离能力大,分离效果好,或工艺对分离要求不高时,采用此种流程更为合适。

2) 多级错流萃取

多级错流萃取流程是由多个萃取器(包括混合器与分离器)串联组成。原料液经第一级萃取后分成两相,萃余相依次流入下一级萃取器,再用新鲜萃取剂继续萃取,萃取相则分别由各级排出,如图 5.3 所示。

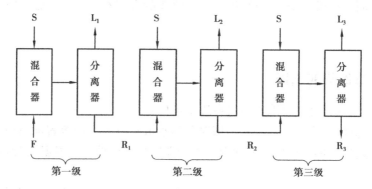

图 5.3 多级错流萃取示意图

在多级错流萃取中,由于新鲜萃取剂分别加入各级萃取器中,故萃取推动力较大,因而萃取效率高。但萃取剂用量较大,萃取液中产物的浓度较低,需要消耗较多的能量回收溶剂。

3) 多级逆流萃取

在多级逆流萃取中,原料液与萃取剂分别由两端加入,如图 5.4 所示。原料液从第一级进入,连续通过各级萃取器,从最后一级排出;萃取剂则从最后一级进入,通过各级萃取器,最后从第一级排出。在整个萃取过程中,萃取剂与原料液互成逆流接触,故称为多级逆流萃取。

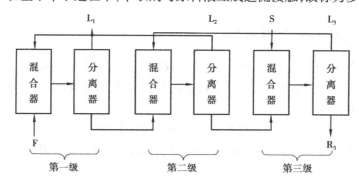

图 5.4 多级逆流萃取示意图

多级逆流萃取可获得含溶质浓度很高的萃取相和含溶质浓度很低的萃余相,而且萃取剂用量少,因而在工业上得到了广泛的应用。特别是以原料液中两组分为过程产品,且工艺要求将混合液进行彻底分离时,采用多级逆流萃取更为合适。

5.1.4　影响溶剂萃取的主要因素

影响溶剂萃取的因素主要有 pH、温度、盐析和乳化等。

1）pH

在溶剂萃取中正确选择 pH,具有重要意义。一方面,pH 会影响分配系数,因而对萃取收率影响很大。如对弱碱性抗生素红霉素进行萃取操作时,当 pH=9.8 时,它在乙酸戊酯与水相(发酵液)间的分配系数为 44.7;而在 pH=5.5 时,红霉素在水相与乙酸戊酯间的分配系数仅为14.4。另一方面,pH 对选择性也有影响。如酸性物质一般在酸性条件下可萃取到有机溶剂中,而碱性杂质则形成盐留在水相。如为酸性杂质,则应根据其酸性强弱选择合适的 pH,以尽可能除去。如青霉素在 pH=2 时萃取,醋酸丁酯萃取液中青霉烯酸可达青霉素之 12.5%,而在pH=3 时萃取,则可降低至 4%。对于碱性产物则相反,在碱性条件下萃取到有机溶剂中。除了上述两方面外,pH 还应该选择在尽可能使产物稳定的范围内。

2）温度

温度也是影响溶质分配系数和萃取速度的重要因素,生物产物在高温下大多不稳定,故萃取一般应在低温或常温下进行。温度升高,有机溶剂与水之间的互溶度增大,而使萃取效果降低;低温会使萃取速度降低,但一般影响不大。

3）盐析

盐析剂(如氯化钠、硫酸铵等)对萃取的影响有 3 个方面:

①盐析剂可与水分子结合导致游离水分子减少,降低了溶质在水中的溶解度,迫使其转入有机相。

②盐析剂能降低有机溶剂在水中的溶解度。

③盐析剂使萃余相比重增大,有助于分相。但盐析剂的用量应合理,用量过多也会使杂质转入有机相。

4）时间

为了减少生物产物在萃取过程中的破坏和损失,应尽量缩短萃取操作的时间。这就需要配备混合效率高的混合器及高效率的分离设备,并保持设备处于良好的工作状态,避免在萃取过程中发生故障,延长操作时间。

5）乳化与去乳化

生物样品原料液经预处理后,虽能除去大部分非水溶性的杂质和部分水溶性杂质,但残留的杂质(如蛋白质等)具有表面活性,在进行溶剂萃取时易引起乳化,使有机相与水相难以分层,即使用离心机往往也不能将两相完全分层。若有机相中夹带有水相,会使后续操作变得困难;而若水相中夹带有机相,则意味着产物的损失。因此,在萃取过程中防止乳化和破乳化是非常重要的步骤。

发生乳化时,一种液体以微小液滴形态分散在另一种不相溶的液体中所形成的分散体系即乳状液。乳状液一般可分成"水包油(O/W)"和"油包水(W/O)"两种类型。在生物萃取中,主要是由蛋白质引起的 O/W 型乳状液,其平均粒径为 2.5～3.0 nm。萃取操作中可采用的去乳化方法主要有以下几种：

（1）加热

升高温度可使蛋白质胶粒絮凝速度加快，并能降低黏度，促使乳化消除。但此法仅适用于非热敏性的产物。

（2）加入电解质

利用电解质来中和乳状液分散相所带的电荷而促使其发生聚沉，同时增加两相的密度差，也便于两相分离。常用的电解质有氯化钠与硫酸铵。

（3）吸附过滤

将乳状液通过一层多孔性介质（如碳酸钙或无水碳酸钠）进行过滤，由于乳状液中的溶剂相与水相对此介质润湿性不同，其中水分可被吸附而去乳化。

（4）加入去乳化剂

加入去乳化剂是目前最常用的破乳化方法。去乳化剂即破乳剂，也是一种表面活性剂，它具有相当的表面活性，因此能顶替界面上原来的乳化剂。但由于破乳剂的碳氢链很短，或具有分支结构，不能在相界面上紧密排列成牢固的界面膜，从而使乳状液体的稳定性大大降低，达到去乳化的目的。生产中常用的去乳化剂有十二烷基磺酸钠（SDS）、溴代十五烷基吡啶（PPB）、十二烷基三甲基溴化铵（DTAB）等。

去乳化剂的用量一般为 0.01%～0.05%。其中十二烷基三甲基溴化铵目前已用于青霉素的提取中，其特点是在破乳离心时，能使蛋白质留在水相底层，相面清晰，不仅去乳化效果好，而且还能提高产品质量。

5.2　双水相萃取技术

溶剂萃取技术已广泛应用于食品、医药和生物技术产业。但利用通常的溶剂萃取技术提取生物大分子物质（如蛋白质）存在以下困难：

①许多蛋白质都有极强的亲水性，不溶于有机溶剂。

②蛋白质在有机溶剂相中易变性失活。

如果采用双水相萃取技术，可有效地克服这些困难。在双水相萃取中，互不相溶的两相中水分都占很大的比例（85%～95%），在这种环境下不会引起蛋白质等生物大分子的失活，还可以以不同的比例分配于两相中。

双水相萃取具有工艺易于放大、分离迅速、条件温和、步骤简便、操作方便及通用性强等优点。一般提纯的倍数可达 2～20 倍，如体系选择适当，回收率可达 80%～90%。但也具有易乳化、两相分离时间长、成相聚合物的成本较高、分离效率不高等缺点。自首次应用于该技术提取酶和蛋白质以来，至今已应用于十几种酶的提取，甚至应用于抗生素、氨基酸等小分子的提取，为生物物质特别是胞内蛋白质的分离提取开辟了一条新路径。

5.2.1 双水相萃取的基本原理

1) 双水相的形成

(1) 高聚物-高聚物(双聚合物)双水相的形成

在普遍情况下,如果两种亲水性聚合物混合溶于水中,低浓度时可以得到均匀单相液体体系,随着各自浓度的增加,溶液会变得混浊,当各自达到一定浓度时,就会产生互不相溶的两相,高聚物分别溶于互不相溶的两相中,两相中都以水分为主,从而形成高聚物—高聚物双水相体系。只要两种聚合物水溶液的水溶性有一定差异,混合时就可发生相分离,并且水溶性差别越大,相分离倾向也就越大。如用等量的 1.1% 右旋糖酐溶液和 0.36% 甲基纤维素溶液混合,静置后可产生两相,上相中含右旋糖酐 0.39%,含甲基纤维素 0.65%;而下相中含右旋糖酐 1.58%,含甲基纤维素 0.15%。一般认为,当两种不同结构的高分子聚合物之间的排斥力大于吸引力时,聚合物就会发生分离;当达到平衡时,即形成分别富含不同聚合物的两相,也即形成双水相体系。

(2) 高聚物-低相对分子量化合物双水相的形成

聚合物溶液与一些无机盐溶液相混合时,只要达到一定的浓度范围,也可以形成双水相。例如,聚乙二醇(PEG)/磷酸钾、PEG/磷酸铵、PEG/硫酸钠等,常用于生物产物的双水相萃取,PEG/无机盐双水相体系的上相富含 PEG,下相富含无机盐。

部分常用的双水相系统如表 5.1 所示。

表 5.1 常用的双水相系统

聚合物 1	聚合物 2 或盐	聚合物 1	聚合物 2 或盐
葡聚糖	聚丙二醇 聚乙二醇 乙基羟乙基纤维素 羟丙基葡聚糖 聚乙烯醇 聚乙烯吡咯烷酮	聚乙二醇	聚乙烯醇 聚乙烯吡咯烷酮 聚蔗糖 硫酸镁 硫酸铵 硫酸钠
羟丙基葡聚糖	甲基纤维素 聚乙烯醇 聚乙烯吡咯烷酮	聚丙二醇	聚乙二醇 聚乙烯醇 聚乙烯吡咯烷酮 羟丙基葡聚糖 甲基聚丙二醇

双水相系统的选择原则必须有利于目的产物的萃取和分离,同时又要兼顾到聚合物的物理性质。如甲基纤维素和聚乙烯醇,因其黏度太高而限制了它们的应用。PEG 和葡聚糖因其无毒性和具有良好的可调性,因而得到了广泛应用。

2) 溶质在两相中的分配

双水相萃取属于液-液萃取,与溶剂萃取的原理相似,都是基于溶质在两相间的选择性分配。当萃取体系的性质不同时,物质进入双水相系统后,由于表面性质、电荷作用和各种力(如疏水键、氢键和离子键等)的存在和环境因素的影响,使其在上、下相中的浓度不同。分配系数 K 等于物质在两相的浓度比,由于各种物质的 K 不同,因而双水相体系对生物物质具有很大的选择性,可利用双水相萃取体系对物质进行分离。

5.2.2 影响双水相萃取的因素

影响双水相萃取的因素有成相聚合物的相对分子量和浓度、pH、盐的种类和浓度、温度等。选择最适条件,可达到较高的分配系数和选择性。

1)成相聚合物的相对分子量

当聚合物相对分子量降低时,蛋白质易分配于富含该聚合物的相。例如在 PEG-葡聚糖系统中,PEG 的分子量减小,会使分配系数增大,而葡聚糖的分子量减小,会使分配系数降低。这是一条普遍的规律,不论何种成相聚合物系统都适用。溶质的相对分子量越大,则影响程度也越大。

2)成相聚合物的浓度

当接近临界点时,蛋白质均匀地分配于两相,分配系数接近于1。如成相聚合物的总浓度或聚合物/盐混合物的总浓度增加时,系统远离临界点,此时两相性质的差别也增大,蛋白质趋向于向一侧分配,即分配系数或增大超过1,或减小低于1。当远离临界点时,系统的表面张力也增加。如果进行分配的是细胞等固体颗粒,则细胞易集中在界面上,因为处在界面上时,使界面面积减小,从而使系统能量减小。但对溶解的蛋白质来说,这种现象比较少见。

3)盐的影响

盐的种类和浓度对双水相萃取的影响体现在两个方面:

①由于盐的正负离子在两相间分配系数不同,各相应保持电中性,因而在两相间形成电位差,这对带电生物大分子,如蛋白质和核酸等的分配会产生显著影响。如在 8%聚乙烯二-8%葡聚糖、0.05 mmol/L、pH=6.9 的体系中,溶菌酶带正电荷分配在上相,卵蛋白带负电荷分配在下相;当加入 NaCl 时,其浓度低于 50 mmol/L 时,上相电位低于下相电位,会使溶菌酶的分配系数增大,而卵蛋白的分配系数减小。由此可见,加入适当的盐会大大促进带相反电荷的两种蛋白质的分离。

②当盐浓度达到很大时,由于盐析作用易使蛋白质分配于上相,分配系数几乎随盐浓度增大而成指数增加,各种蛋白质分配系数增大的程度有差异,利用此性质可使不同的蛋白质相互分离。

4)pH

pH 会影响蛋白质中可以解离基团的解离度,因而改变蛋白质所带电荷和分配系数。另外,pH 也会影响磷酸盐的解离程度,若改变 $H_2PO_4^-$ 和 HPO_4^{2-} 之间的比例,也会使相间电位发生变化而影响分配系数。pH 的微小变化有时会使蛋白质的分配系数改变 2~3 个数量级。

5)温度

温度影响成相聚合物在两相的分布,特别在临界点附近,因而也影响分配系数。但是当离临界点较远时，这种影响较小。有时采用较高温度，这是由于成相聚合物对蛋白质有稳定化作用，因而不会引起损失；同时在温度高时，黏度较低有利于相的分离操作。但在大规模生产中，总是采用在常温下操作，从而可节约能耗费用。

5.3 超临界流体萃取技术

超临界流体萃取技术是以超临界流体作为萃取剂，在临界温度和临界压力附近的状态下，对物质中的某些目的组分进行分离提取的技术。超临界流体萃取具有适应范围广、萃取效率高、操作简单、萃取过程几乎全部在室温下完成等优点，自首次工业化应用以来，目前已广泛应用于食品、化工和医药等领域。其中，以二氧化碳超临界流体萃取在食品、生物技术产业中应用最为广泛，本节将主要讨论 CO_2 超临界流体萃取技术。

5.3.1 超临界流体萃取的基本原理

1)超临界流体

任何一种物质都存在气相、液相和固相3种相态，3种相态可相互转化，如图5.5所示。三相成平衡态共存的点叫三相点，而液、气两相成平衡状态共存的点叫临界点。在临界点时的温度和压力分别称为临界温度(T_c)和临界压力(p_c)。图中的临界温度是指高于此温度时，无论施加多大压力也不能使气体液化；临界压力是指在此临界温度下，液体汽化所需的压力。物质在临界点，气体和液体的界面消失，体系性质均一，不再分为气体和液体。当温度超过临界点时，物质处于既不是气体也不是液体的超临界状态，称其为超临界流体。

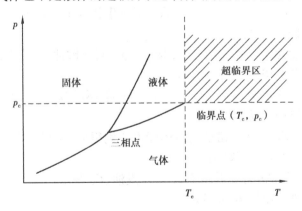

图5.5 物质三相图

2)超临界流体的性质

超临界流体最重要的性质是密度和黏度，这二者直接决定了超临界流体的溶解能力、扩散性(溶解速度)，因而直接影响着超临界流体萃取的效率和选择性。

（1）超临界流体的密度

密度决定了流体的溶解能力，密度越大其溶解能力越强。超临界流体密度接近于液体，故其对固体、液体的溶解能力也接近于液体。

（2）超临界流体的黏度

黏度决定了流体的扩散性和渗透性，黏度越小流体的渗透性越强，在萃取过程中能尽快达到传质平衡，从而实现高效率分离。超临界流体的黏度接近于气体，故其萃取效率极高。

（3）超临界流体的溶解能力随着温度和压力的变化而变化

超临界流体的密度随着温度的降低（不能低于临界温度）或升高和压力的升高或降低（不能低于临界压力）而增大或减小。因此，其溶解能力也随压力和温度的变化而变化。而且，在临界点附近，温度和压力的细微变化都会引起密度和溶解能力的显著变化。所以，可以通过控制温度或压力的方法达到萃取目的。萃取时，降低温度或升高压力使目的组分溶出，然后升高温度或降低压力使萃取物分离析出。

5.3.2　超临界流体的选择

对超临界流体用作萃取剂需遵循以下原则：

①超临界流体对待分离组分具有较高的溶解度和良好的选择性。

②操作温度与超临界流体的临界温度接近。

③操作压力应尽可能低，以降低能耗。

④超临界流体化学性质稳定，无毒、无腐蚀性、不易燃、不易爆。

⑤价廉易得。

⑥对于生物物质的分离，还需超临界流体的临界温度在常温附近，以免引起生物物质的失活。

目前，已有很多超临界流体可用于萃取。对于生物分离过程，CO_2 超临界流体成为目前最常用的萃取剂，它具有以下特点：

- CO_2 临界温度为 31.1 ℃，操作温度接近常温，对热敏性物质无破坏作用。
- 临界压力为 7.4 MPa，条件容易达到。
- CO_2 化学性质不活泼，无毒、无腐蚀性、不易燃、不易爆，安全性好。
- 价格便宜，纯度高，易获得。

超临界状态下，CO_2 对不同溶质的溶解能力差别很大，这与溶质的极性、沸点和相对分子量密切相关，一般来说有以下规律：

- 亲脂性、低沸点成分可在低压萃取，如挥发油、烃、酯等。
- 化合物的极性基团越多，就越难萃取。
- 化合物的相对分子质量越高，就越难萃取。

5.3.3　超临界流体萃取的工艺流程

萃取过程主要设备由萃取器、分离器、精馏柱、高压泵、副泵、制冷系统、萃取剂贮罐、换热系统、净化系统等组成。超临界流体萃取的典型工艺流程如图 5.6 所示。

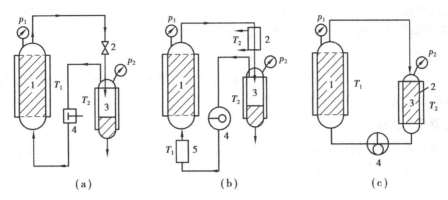

图 5.6　超临界流体萃取典型工艺流程图

(a)等温法($T_1=T_2,p_1>p_2$)　1—萃取器;2—膨胀阀;3—分离器;4—压缩机

(b)等压法($T_1<T_2,p_1=p_2$)　1—萃取器;2—加热器;3—分离器;4—泵;5—冷却器

(c)吸附法($T_1=T_2,p_1=p_2$)　1—萃取器;2—吸附剂;3—分离器;4—泵

1)等温法

操作温度保持不变,通过改变操作压力实现溶质的萃取和回收。溶质在萃取器中被高压流体萃取后,流体经过膨胀阀而压力下降,溶质的溶解度降低,在分离器中析出,萃取剂则经压缩机压缩后返回萃取器循环使用。在超临界流体的膨胀和压缩过程中会产生温度变化,所以在循环流路上需设置换热器。

2)等压法

操作压力保持不变,通过改变操作温度实现溶质的萃取和回收。如果在操作压力下,溶质的溶解度随温度升高而下降,则萃取流程须经加热器加热后进入分离器,析出目的产物,萃取剂则经冷却器冷却后返回萃取器循环使用。

3)吸附法

利用选择性吸附目的产物的吸附剂回收目的产物,有利于提高萃取的选择性。

5.3.4　影响超临界流体萃取的因素

1)萃取剂

CO_2 超临界流体属于非极性物质。根据"相似相溶"的理论,其对非极性物质的萃取效果较好,为使其对极性物质也具有较好的萃取能力,一般通过添加少量具有一定极性且能与 CO_2 超临界流体互溶的携带剂来增加超临界流体的极性。常用的携带剂有甲醇和乙醇,使用量控制在5%以内。可先与 CO_2 超临界流体混合后通入待萃取原料中,也可直接加入待萃取原料中。

2)固体原料的粒径

待萃取固体原料的粒径越小,超临界流体越易进入原料内部,萃取越完全。但过小的粒径可能会引起萃取过程中颗粒粘连结块,反而影响流体渗透和溶解速度。一般来说,将粒径控制在 20~80 目为宜。

3)温度

温度对萃取的影响主要体现在两个方面:一是温度降低,溶解能力增大;二是温度降低,可能会导致溶质在超临界流体中的溶解度降低。因此,在等压萃取中,溶质有最适萃取温度。另外,根据超临界流体的性质,温度控制在临界点附近最为经济。

4)压力

压力增加,超临界流体的密度增加,溶解能力相应增加。与温度影响类似,根据超临界流体的性质,压力控制在临界点附近最为经济。

5)萃取剂流速

萃取剂通过萃取物中的流速越大,传质推动力越大,萃取越完全。但过高的流速,可能会使萃取剂未与原料充分混合接触即已流过,导致能耗增加。

5.3.5　超临界流体萃取技术的应用

CO_2 超临界流体萃取技术目前已广泛应用于食品和生物医药等产业。

1)在食品方面的应用

传统的食用油提取方法是乙烷萃取法,但此法生产的食用油中所含有机溶剂的量难以满足食品管理法规的规定。采用超临界 CO_2 萃取技术提取豆油,可使产品质量大幅度提高,且无污染问题。目前,已经可以用超临界流体萃取技术从葵花籽、红花籽、花生、小麦胚芽、棕榈、可可豆中提取油脂,且提出的油脂中含中性脂质,磷含量低,着色度低,无臭味。这种方法比传统的压榨法的回收率高,且不存在溶剂萃取法的溶剂残留问题。

咖啡中因含有咖啡因,过量饮用会对人体有害,因此必须从咖啡中除去。工业上传统的方法是用二氯乙烷来提取,但二氯乙烷不仅提取咖啡因,也提取掉咖啡中的芳香物质,而且残存的二氯乙烷不易除净,影响咖啡质量。采用超临界二氧化碳萃取技术提取咖啡因的最大优点是,去除了原来在产品中残留对人体有害的微量卤代烃溶剂,咖啡因的含量可从原来的1%左右降低至 0.02%,而且 CO_2 的良好的选择性可以最大程度地保留咖啡中的芳香物质。

2)在医药保健品方面的应用

在抗生素药品生产中,传统方法常用到丙酮、甲醇等有机溶剂,但要将溶剂完全除去又不使药物变质非常困难,若采用超临界流体萃取技术则完全可以达到要求。

另外,采用超临界流体萃取技术从银杏叶中提取银杏黄酮,从鱼的内脏和骨头中提取多烯不饱和脂肪酸(DHA、EPA),从沙棘籽中提取沙棘油,从蛋黄中提取卵磷脂等,对心脑血管疾病具有独特的疗效。日本学者宫地洋等,用超临界流体萃取技术从药用植物蛇麻子、桑白皮、甘草根、紫草、虹花、月见草中提取了有效成分。

3)天然香精香料的提取

用超临界流体萃取技术萃取香料,不仅可以有效地提取芳香组分,而且还可以提高产品纯度,能保持其天然香味。如从桂花、茉莉花、菊花、梅花、米兰花、玫瑰花中提取花香精,从胡椒、肉桂、薄荷中提取香辛料,从芹菜籽、生姜、芫荽籽、茴香、砂仁、八角、孜然等原料中提取精油,不仅可以用作调味香料,有的还具有较高的药用价值。

啤酒花是啤酒酿造中不可缺少的添加物,其具有独特的香气、清爽度和苦味。传统方法生产的啤酒花浸膏不含或仅含少量的香精油,破坏了啤酒的风味,而且残存的有机溶剂对人体有害。超临界流体萃取技术为酒花浸膏的生产开辟了广阔的前景。

4) 天然色素的提取

目前,国际上对天然色素的需求量逐年增加,主要用于食品加工、医药和化妆品,不少发达国家已经规定了不允许使用合成色素的最后期限,在我国合成色素的禁用也势在必行。溶剂法生产的色素纯度差、有异味和溶剂残留,无法满足国际市场对高品质色素的需求,超临界流体萃取技术能够有效地克服以上这些缺点。目前,我国采用超临界流体萃取技术提取辣椒红色素的技术已经成熟,并达到国际先进水平。

· 本章小结 ·

萃取是依据混合物中不同组分在两相之间的分配系数差异而使得目的组分分离出来的一门技术。根据萃取剂的种类和形式不同,可将萃取技术分为溶剂萃取、双水相萃取、反胶团萃取、凝胶萃取、超临界萃取等。

溶剂萃取技术是指利用一种溶质组分(如目的产物)在两个不相混溶的液相(如水相和有机溶剂相)中竞争性溶解和分配性质上的差异来进行分离的技术。溶剂萃取时,所选择的萃取剂应满足一定的条件。影响溶剂萃取的因素主要有 pH、温度、盐析和乳化等。

在双水相萃取中,互不相溶的两相中水分都占很大的比例(85%~95%),在这种环境下不会引起蛋白质等生物大分子的失活,还可以不同的比例分配于两相中。双水相萃取具有工艺易于放大、分离迅速、条件温和、步骤简便、操作方便及通用性强等优点。影响双水相萃取的因素有成相聚合物的相对分子量和浓度、pH、盐的种类和浓度、温度等。

超临界流体萃取技术是以超临界流体作为萃取剂,在临界温度和临界压力附近的状态下,对物质中的某些目的组分进行分离提取的技术。超临界流体萃取具有适应范围广、萃取效率高、操作简单、萃取过程几乎全部在室温下完成等优点,其中以二氧化碳超临界流体萃取在食品、生物技术产业中应用最为广泛。超临界流体最重要的性质是密度和黏度,这二者直接决定了超临界流体的溶解能力、扩散性(溶解速度),因而直接影响着超临界流体萃取的效率和选择性。目前,已有很多超临界流体可用于萃取。对于生物分离过程,CO_2 超临界流体成为目前最常用的萃取剂。影响超临界流体萃取的因素有萃取剂、固体原料的粒径、温度、压力、萃取剂流速。

 复习思考题

1. 简述溶剂萃取的基本原理。
2. 溶剂萃取时选择萃取剂的原则有哪些?
3. 影响溶剂萃取的因素有哪些?
4. 简述双水相萃取的基本原理。
5. 双水相萃取的特点是什么?
6. 影响双水相萃取的因素有哪些?
7. 简述 CO_2 超临界流体萃取的基本工艺流程。
8. 影响 CO_2 超临界流体萃取的因素有哪些?

第6章 沉淀技术

📖【学习目标】
➤了解沉淀技术的应用。
➤掌握常用沉淀技术的种类及特点。
➤熟悉沉淀技术的基本过程及操作方法。

📖【能力目标】
➤掌握盐析技术、有机溶剂沉淀技术、等电点沉淀技术的操作方法。
➤能够根据实际情况选择合适的沉淀技术对产物进行分离与纯化。

通过改变溶液条件,使溶质以固体形式从溶液中分离出来的操作技术称为沉淀技术。沉淀技术是纯化各种生物物质常用的一种经典方法。沉淀技术的主要方法有盐析法、有机溶剂沉淀法、等电点沉淀法等。

沉淀技术具有成本低、收率高、浓缩倍数大、操作简便与安全、所需设备简单、应用范围广泛和不易引起蛋白质等生物大分子变性等优点。目前,在氨基酸、酶制剂及抗生素的分离提取过程中应用广泛,能有效地分离、澄清、浓缩或保存所需要的生物物质。

6.1 盐析技术

盐析技术是指在样品溶液中加入高浓度的中性盐,使得待分离物质的溶解度降低进而从溶液中析出的技术,所以盐析技术又称中性盐沉淀技术。在沉淀技术中,盐析技术是使用最早的沉淀技术,此法最早应用在蛋白质和酶类的分离工作中。根据蛋白质和酶等生物分子在浓盐溶液中溶解度的差异,通过向处理溶液中加入一定数量的中性盐,使不同溶解度的生物分子先后凝聚而从溶液中析出,从而达到分离目的的一种技术。

盐析是一个可逆的过程。利用这个性质,可以采用多次盐析的方法来提纯生物产品。

6.1.1 盐析技术的基本原理

此处以蛋白质的盐析为例,对盐析技术的基本原理进行介绍。盐析的基本原理包括以下两个方面：

①在蛋白质颗粒的表面，分布着各种不同的极性基团，这些亲水基团吸聚着许多水分子，于是在蛋白质颗粒的表面形成一层水化膜，减弱了蛋白质分子之间的相互作用力。所以，蛋白质在溶液中常呈稳定的分散胶体状态。一般来讲，蛋白质分子含有的极性基团越多，蛋白质周围形成的水化膜层越厚，溶剂分子与蛋白质分子之间的亲和力越大，因而蛋白质的溶解度也越大。

②蛋白质分子含有数目不等的碱性和酸性氨基酸，肽链的两端含有数量不等的自由氨基和羧基，这些基团使蛋白质分子表面具有一定的电荷，由于同种电荷相互排斥，从而使蛋白质分子彼此分开，不发生聚集而沉淀，因而蛋白质溶液是一种稳定的胶体溶液。蛋白质在水溶液中溶解度是否发生变化，直接由其周围水化膜的程度和分子表面所带电荷所决定。

要使得蛋白质从溶液中沉淀出来，就必须破坏其水化膜。中性盐的亲水性大于蛋白质的亲水性，中性盐加入蛋白质分散体系时可能会出现两种情况，即盐析和盐溶。在低盐浓度下，蛋白质和酶类的溶解度随着盐的浓度提高而增大，这个过程称为盐溶；在高盐浓度下，即当加入大量中性盐时，它们能夺取蛋白质表面的电荷，破坏其水化膜，使得蛋白质的溶解度下降产生沉淀，这个过程叫盐析。盐析技术就是根据不同的生物大分子在一定盐溶液中的溶解度降低程度的不同而实现彼此分离的方法。蛋白质盐析沉淀的基本原理如图 6.1 所示。

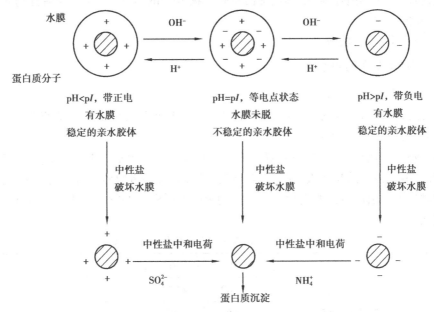

图 6.1　蛋白质盐析沉淀技术的基本原理示意图

不仅是蛋白质，还有许多生化物质如多肽、多糖、核酸等，都可以用盐析技术进行沉淀分离。在实际生产中，常用 20%~40% 饱和度的硫酸铵使许多病毒沉淀；用 30%~60% 饱和度的硫酸铵分段沉淀许多不同的蛋白质；用 43% 饱和度的硫酸铵沉淀 DNA 和 rRNA，而 tRNA 保留在上清溶液中；在血浆中，当加到盐浓度达 20%~30% 时纤维蛋白会沉淀出来，再加到浓度达50% 时球蛋白会沉淀出来，达到饱和时清蛋白会沉淀出来。

盐析技术由于具有成本低、收率高、浓缩倍数大、操作简便、安全、所需设备简单、应用范围广泛、不易引起蛋白质变性等优点，已成为生物分离与纯化技术中最常用、最简单的技术之一。

虽然盐析技术具有诸多优点,但由于盐析时的共沉淀作用使其分辨率较低,因此经常被用于生物分离与纯化的粗提取阶段。盐析法可以作为初始的提取方法,后续再与多种精制手段结合起来,如采用超滤、凝胶层析、透析等方法将无机盐去除,就可制得高纯度产品。

6.1.2 中性盐的选择

盐析操作时,中性盐的选择会直接影响盐析的效果。盐析法常用的盐类以中性盐居多,主要有硫酸铵、硫酸钠、氯化钠、磷酸钠、柠檬酸钠等。

1)盐析用盐的要求

盐析用盐必须考虑以下几个方面:

①盐析用盐要有足够大的溶解度,且溶解度受温度影响应尽可能小。这样便于获得高浓度的盐溶液,有利于操作,即使在较低温度下,也不致于造成盐的沉淀析出,进而影响盐析效果。

②盐析作用要强。一般情况下,多价阴离子的盐析作用强,而有时多价阳离子反而使盐析作用降低。

③盐析用盐化学惰性强,不影响蛋白质等生物分子的活性,不与生物活性物质发生反应,导致引入新的杂质。

④来源丰富、价格低廉。

2)盐析技术常用的中性盐

(1)硫酸铵

根据盐析操作对中性盐的基本要求,盐析法中应用最广泛的盐类是硫酸铵,与其他中性盐相比,硫酸铵具有以下优点:

①硫酸铵具有温度系数小而溶解度大的优点如表6.1所示。由于具有较高的溶解度,因此能配置高离子强度的盐溶液,在这一溶解度范围内,许多蛋白质均可盐析出来。且分段效果较其他盐好,不易引起蛋白质变性。硫酸铵的溶解度受温度的影响较小,这个特性是其他盐类所不具备的。

表6.1 不同温度下饱和硫酸铵溶液的数据

温　度/℃	0	10	20	25	30
质量百分数	41.42	42.22	43.09	43.47	43.85
物质的量浓度	3.9	3.97	4.06	4.10	4.13
每1 000 g水中含硫酸铵物质的量	5.35	5.53	5.73	5.82	5.91
每1 000 mL水中含硫酸铵克数	706.8	730.5	755.8	766.8	777.5
每1 000 mL溶液中含硫酸铵克数	514.8	525.2	536.5	541.2	545.9

实际生产中,由于蛋白质及酶的分离与纯化通常需要在低温条件下进行,因此盐析操作以选择0~4 ℃进行为最佳。

②硫酸铵具有较低的溶液密度。低密度有利于对蛋白质进行沉淀及后续的离心分离,并

且能够获得较好的分级效果。有些抽提液经硫酸铵沉淀处理后,75%以上的杂蛋白可被除去。

③硫酸铵不容易引起蛋白质变性。可以在低温下保存一年,其活性也没有发生变化。

④硫酸铵价廉易得。

⑤高浓度的硫酸铵具有抑菌作用。

硫酸铵溶液在 pH=4.5~5.5,市售的硫酸铵常含有少量的游离硫酸,pH 往往在 4.5 以下,需用氨水调节后方可使用。硫酸铵中常含有少量的重金属离子,对蛋白质巯基敏感,使用前必须用 H_2S 处理。处理方法是将硫酸铵配制成浓溶液,通入 H_2S 至饱和,放置过夜,过滤除去重金属离子,浓缩结晶,100 ℃烘干后即可使用。

但使用硫酸铵或其他盐类进行沉淀都有一个共同的缺点,即欲对样品进一步纯化时,必须进行脱盐处理。

(2)硫酸钠

应用硫酸铵盐析时对蛋白氮的测定有干扰,另外缓冲能力较差,故有时也应用硫酸钠。如盐析免疫球蛋白时,用硫酸钠的效果也不错。应用硫酸钠的缺点是,在 30 ℃以下溶解度太低,30 ℃以上时溶解度才升高较快。如 0 ℃时,Na_2SO_4 在水中的溶解度仅为 138 g/L;30 ℃时,Na_2SO_4 在水中的溶解度可升至 326 g/L。

而一些生物活性大分子在 30 ℃以上容易失活,故分离提纯时限制了硫酸钠作为盐析用盐的使用。

(3)氯化钠

氯化钠的溶解度虽不如硫酸铵,但在不同温度下它的溶解度变化不大,这是方便之处,如从 0~100 ℃,在 100 g 水中氯化钠的溶解度变化为 35.7~39.8 g。

(4)磷酸钠

磷酸钠的盐析作用比硫酸铵好。例如,盐析免疫球蛋白时,用磷酸钠的效果较好。但由于磷酸钠的溶解度太低,且受温度影响大,故实际应用不广泛。

其他不少中性盐类也可以作为盐析用盐,但由于一些客观原因,如价格昂贵、盐析效果差、难以去除等原因,都不如硫酸铵那样应用广泛。

6.1.3 中性盐的加入方式

1)固体加入法

固体加入法是最常用的硫酸铵加入法,用于要求饱和度较高而不增大溶液体积的情况。可直接将硫酸铵固体盐加入溶液中,使蛋白质和酶等生物分子析出。该法使分离的蛋白质或酶等生物分子与过多的硫酸铵固体混合,对后阶段进一步分离与纯化造成一定的麻烦。

具体操作方法是,首先将硫酸铵研磨成细粉,其次缓慢均匀、少量多次地将硫酸铵细粉加入粗制品溶液中,并且边加入、边搅拌,待接近预期饱和度的时候,硫酸铵的加入速度要更缓慢,以免由于局部硫酸铵的浓度过高而引起其他蛋白质的共沉淀。固体加入法中需加入的硫酸铵的量,可以根据式 6.1 直接计算出或根据表 6.2 查得。

$$X = \frac{G(S_2 - S_1)}{1 - AS_2} \tag{6.1}$$

式中　X——将 1 L 硫酸铵饱和度为 S_1 的溶液提高到 S_2 时需加入的硫酸铵克数,g;

　　　　G——在特定温度下 1 L 饱和硫酸铵溶液中溶解的硫酸铵克数。在 0 ℃、10 ℃、20 ℃、25 ℃、30 ℃时,分别取值为 514.72、525.05、536.34、541.24、545.88;

　　　　A——与温度有关的常数。在 0 ℃、10 ℃、20 ℃、25 ℃、30 ℃时,分别取值为 0.29、0.30、0.30、0.31、0.31;

　　　　S_1——原溶液的百分饱和度,%;

　　　　S_2——所需达到的百分饱和度,%。

表 6.2　调整硫酸铵溶液饱和度时需要加入硫酸的克数计算表(25 ℃)

		硫酸铵终浓度,饱和度/%																
		0	10	20	25	30	33	35	40	45	50	55	60	65	70	75	80	90	100
		每升溶液需加入固体硫酸铵的克数																
硫酸铵初浓度,饱和度/%	0	56	114	144	176	196	209	243	277	313	351	390	430	472	516	561	662	767
	10		57	86	118	137	150	183	216	251	288	326	365	406	449	494	592	694
	20			29	59	78	91	123	155	189	225	262	300	340	382	424	520	619
	25				30	49	61	93	125	158	193	230	267	307	348	390	485	583
	30					19	30	62	94	127	162	198	235	273	314	356	449	546
	33						12	43	74	107	142	177	214	252	292	333	426	522
	35							31	63	94	129	164	200	238	278	319	411	506
	40								31	63	97	132	168	205	245	285	375	469
	45									32	65	99	124	171	210	250	339	431
	50										33	66	101	137	176	214	302	392
	55											33	67	103	141	179	264	353
	60												34	69	105	143	227	314
	65													34	70	107	190	275
	70														35	72	153	237
	75															36	115	198
	80																77	157
	90																	79

2) 饱和溶液加入法

饱和溶液加入法用于要求饱和度不高而原来溶液体积不大的情况。向处理液中加入饱和硫酸铵溶液,使得硫酸铵浓度增大,以致蛋白质或酶等生物分子析出。该法比固体加入法温和,但对大体积处理液不适用,因为会导致处理液体积增大,待分离的生物分子溶解度相对增加。但该法分离纯化效果较好。

具体操作方法是,在蛋白质溶液中逐步加入预先调好 pH 的饱和硫酸铵溶液。不同饱和度所需的硫酸铵的量不同,可根据式(6.2)进行计算。

$$V = V_0 \frac{S_2 - S_1}{1 - S_2} \tag{6.2}$$

式中　V——需要加入硫酸铵溶液的体积,mL。

V_0——原溶液的体积,mL。

S_1——原溶液的百分饱和度,%。

S_2——所需达到的百分饱和度,%。

3) 透析平衡法

透析平衡法是指将装有待盐析的蛋白质样品的透析袋放入饱和硫酸铵溶液中,通过透析作用来改变蛋白质溶液中的硫酸铵浓度,由于透析袋外的硫酸铵浓度高于透析袋内的浓度,因此,外部的硫酸铵由于扩散作用逐渐透过半透膜进入到透析袋里,随着透析袋中的硫酸铵饱和度的逐渐提高,达到设定浓度后,目的蛋白即会析出。该法优点在于硫酸铵浓度变化有连续性,盐析效果好,但操作烦琐,要不断测量饱和度,故多用于规模较小的实验。

6.1.4　盐析操作的影响因素

1) 盐离子强度和种类

一般说来,离子强度越大,蛋白质的溶解度越低。蛋白质是大分子,表面有许多电荷,这些表面电荷会受到周围离子和溶剂分子排列顺序的影响而不断发生变化,蛋白质分子内部还有许多相互作用的基团,也会对蛋白质的盐析产生影响,增加了蛋白质盐析的复杂程度。采用分段盐析法分离蛋白质时,依次按照由低离子强度到高离子强度进行。不同蛋白质组分被沉淀出来后,收集沉淀,继续在溶液中逐渐提高中性盐的饱和度,使其他蛋白质组分也被沉淀出来。

如几种蛋白质在不同离子强度下的分段盐析过程,当硫酸铵饱和度达到20%时,纤维蛋白首先析出;饱和度增至28%~33%时,血红蛋白析出;饱和度再增至33%~35%时,球蛋白析出;饱和度增至50%以上,清蛋白析出;饱和度达到80%时,肌红蛋白析出;可见,不同蛋白质发生盐析时所需的离子强度是不同的,所以用不同离子强度分步盐析的方法,可以分离混合物中不同的组分。

在相同离子强度下,盐离子的种类对蛋白质或酶等生物分子的溶解度也有一定的影响。依照有关理论,半径小而带电荷量高的离子的盐析作用较强;半径大而带电荷量低的离子的盐析作用则较弱。常见盐离子的盐析作用,按由强到弱的顺序排列如下:

$$IO_3^- > PO_4^{3-} > SO_4^{2-} > CH_3COO^- > Cl^- > ClO_3^- > Br^- > NO_3^-$$
$$> ClO_4^- > I^- > SCN^- > Al^{3+} > H^+ > Ca^{2+} > NH_4^+ > K^+ > Na^+$$

单价盐如 KCl、NaCl 等,盐析效果一般比较差。盐析剂的用量与所沉淀的酶的种类以及酶液中的杂质性质和数目有关,应以最高的用量为标准。蛋白质浓度大,盐的用量小,但共沉淀作用明显,分辨率低;蛋白质浓度小,盐的用量大,分辨率高。

2) 盐析的温度

大多数情况下,在低离子强度的溶液中,蛋白质或酶等生物分子的溶解度在一定范围内随温度升高而增加;但在高盐浓度下,温度升高,其溶解度反而下降。对于蛋白质而言,盐析对温度的要求不是很严格,在室温下就可以完成。但是对于酶类,对温度很敏感,盐析时应在较低温度下操作,以最大限度地保持酶的活性。

3) 盐析的 pH 值

总体而言,蛋白质或酶等生物分子带的静电荷越多,其溶解度就越大;相反,静电荷越少,溶解度就越小。在等电点时,其溶解度为最小。即处于等电点的两性分子,溶解度最小;偏离等电点的两性分子,溶解度较大。因此在盐析时,一般选择在两性分子的等电点处的 pH 值下进行,以获得最佳的盐析效果。一般情况下,盐析的 pH 值对沉淀形成影响不大。例如,四环素类抗生素在碱性条件下能和 Ca^{2+}、Mg^{2+} 及某些季铵碱形成复合物而沉淀下来。具体步骤为:

①将四环素发酵滤液调 pH 值至 9.0 左右,加入一定量的 CaO,形成钙盐沉淀。

②将沉淀用草酸溶解,同时有草酸钙析出。

③过滤,滤液调 pH 值至 4.6~4.8,析出四环素粗碱。

④粗碱再溶于草酸水溶液中,经活性炭脱色,然后调 pH 至 4.0,即得到四环素碱成品。

4) 生物分子种类及浓度

溶液中生物分子的浓度对盐析有一定的影响。高浓度的生物分子溶液可以节约盐的用量,但是过高的浓度会使溶液中的其他成分一起析出,引发严重的共沉淀现象。如果溶液中生物分子的浓度过低,虽然减少了共沉淀现象,但会造成反应体积的增大,进而导致反应容量的增大,需要更多的盐析剂和配备更大的分离设备,从而加大了人力和财力的投入,并且回收率也有所下降。

5) 操作方式

操作方式的不同会影响沉淀颗粒的大小。采用饱和硫酸铵溶液的连续方式进行操作,得到的沉淀颗粒比用固体盐的间歇方式大。操作过程中搅拌方式和速率也会影响盐析效果,适当的搅拌能防止局部浓度过大,在蛋白质或酶等生物分子沉淀期间,温和的搅拌能促进沉淀颗粒的增大,而剧烈的搅拌会对粒子产生较大的剪切力,只能得到较小的颗粒。

总之,蛋白质的溶解特性主要取决于其组成、构象及周围的物理化学性质和溶剂的可利用度(即水分子间的氢键和蛋白质表面所暴露出的 N、O 原子的相互作用)。因此,溶液温度、pH、介电常数的离子强度以及蛋白质本身的浓度等,都会对盐析效果产生影响。

6.2 有机溶剂沉淀技术

向蛋白质等生物大分子的水溶液中加入一定量亲水性的有机溶剂,能显著降低蛋白质等生物大分子的溶解度,使其沉淀析出的技术称为有机溶剂沉淀技术。对不同的蛋白质、酶等沉淀时,需要的有机溶剂的浓度不同,因此,可以通过调节加入的有机溶剂的浓度,使混合有蛋白质或酶的溶液中的不同组分分段析出,实现分离的目的。

有机溶剂沉淀法也是较早使用的沉淀方法之一。与盐析法相比,具有以下优点:

①分辨能力高于盐析法,一种蛋白质或其他溶质只在一个较窄的有机溶剂浓度范围内沉淀。

②溶剂容易除去且可回收,沉淀的蛋白质不需要再进行脱盐处理。

其缺点有:

①容易使蛋白质变性,操作需要在低温下进行,使用上有一定的局限性。

②采用了大量的有机溶剂,成本较高,为节省用量,通常将蛋白质溶液先适当浓缩,并回收溶剂。

③有机溶剂易燃易爆,要做好防护措施。

但总体来说,蛋白质或酶等生物分子的有机溶剂沉淀法不如盐析法使用普遍。

6.2.1 有机溶剂沉淀技术原理

有机溶剂沉淀技术的原理主要有以下两点:

1) 静电作用

向溶液中加入有机溶剂时,可以降低溶液的介电常数,使溶剂的极性减小,蛋白质分子与溶剂分子间的相互作用力减弱,溶质分子之间的静电引力增加,从而促使它们相互吸引而聚集,导致蛋白质溶解度降低而从溶液中析出。

2) 脱水作用

由于水溶性有机溶剂的亲水性强,它会抢夺本来与亲水溶质结合的水分子,使其表面的水化膜层被破坏,失去水化膜层的蛋白质胶体颗粒便因不规则的布朗运动而相互碰撞,并在分子亲和力的影响下发生凝聚,从而沉淀析出。脱水作用较静电作用占更主要的作用地位。

6.2.2 常用有机溶剂的选择

常用于生物大分子沉淀的有机溶剂主要有乙醇、甲醇、丙酮、异丙醇等,此外还有二甲基亚砜、乙腈、二甲基甲酰胺、2-甲基-2,4-戊二醇(MPD)等。

1) 乙醇

乙醇是最常用的有机沉淀剂。因为乙醇分子具有极易溶于水、沉淀作用强、沸点适中、无毒等优点,被广泛用于蛋白质、核酸、多糖等生物大分子及核苷酸和氨基酸等的沉淀过程中。

2) 甲醇

甲醇的沉淀作用与乙醇相当,对蛋白质等生物大分子的变性作用比乙醇和丙酮小。但口服甲醇有剧毒,因此不被广泛使用。

3) 丙酮

丙酮的介电常数小于乙醇,沉淀能力较强,用丙酮作为沉淀剂替代乙醇可以减少1/3左右的用量。但由于丙酮具有沸点低、挥发损失大、对肝脏具有一定的毒性、着火点低等缺点,因此其应用不如乙醇广泛。

4) 异丙醇

异丙醇是一种无色、有强烈气味的可燃液体,是丙醇的同分异构体,在某些时候异丙醇可代替乙醇进行沉淀。但它易与空气混合后发生爆炸,易形成烟雾现象,对人体具有潜在的危害作用,从而限制了它的使用。

5)其他有机溶剂

其他的有机溶剂如二甲基甲酰胺、二甲基亚砜等,作为沉淀剂远不如乙醇等使用普遍,使用时必须考虑应用的对象和条件等因素。

6.2.3 有机溶剂用量的计算

有机溶剂沉淀时,为了使溶液中的目标生物分子沉淀析出,必须考虑所加入的有机溶剂的浓度和体积。若仅为了获得沉淀而不着重于进行分离,可根据溶液体积的倍数来计算,如加入1倍、2倍、3倍原溶液体积的有机溶剂进行有机溶剂沉淀。实际操作中,有机溶剂的用量常根据式(6.3)进行计算。

$$V=\frac{V_0(S_2-S_1)}{100-S_2} \tag{6.3}$$

式中　V——需加入有机溶剂体积,mL;

　　　V_0——原溶液的体积,mL;

　　　S_1——原溶液中有机溶剂的体积分数,%;

　　　S_2——所需达到的有机溶剂体积分数,%;

　　　100——加入的有机溶剂浓度为100%。

如所加入的溶剂浓度为95%,式(6.3)中的$100-S_2$则应改为$95-S_2$。以上公式的计算未考虑混溶后体积所发生的变化和溶剂的挥发等因素,实际上会存在一定的误差。

6.2.4 影响有机溶剂沉淀效果的因素

影响有机溶剂沉淀的因素有有机溶剂的种类及用量、温度、样品浓度、pH、金属离子及离子强度。

1)有机溶剂的种类及用量

不同的有机溶剂对相同的溶质分子产生的沉淀作用大小有差异,其沉淀能力与介电常数有关。一般情况下,介电常数越低的有机溶剂,其沉淀能力就越强。同一种溶剂对不同溶质分子产生的沉淀作用大小也不一样。在溶液中加入有机溶剂后,随着有机溶剂用量的加大,溶液的介电常数逐渐下降,溶质的溶解度会在某个阶段出现急剧降低,从而析出。因此,沉淀反应中应该严格控制有机溶剂的用量,若有机溶剂浓度过低会导致无沉淀或沉淀不完全,若有机溶剂浓度过高则会导致其他组分一起被沉淀出来。

2)温度

多数生物大分子在乙醇与水的混合液中的溶解度会随着温度的降低而降低,尤其是蛋白质在有机溶剂中对温度变化特别敏感,温度稍高即发生变性。有机溶剂与水混合时,会放出大量的热量,使溶液的温度显著升高,增加了生物大分子发生变性作用的发生概率。因此,在进行有机溶剂沉淀过程中应在低温下进行,并且要保持恒定的温度,以防止由于温度的升高使已沉淀的物质重新溶解或使另一物质沉淀。

具体操作方法是：

①常将待分离的样品和需加入的有机溶剂分别预冷至较低温度，有机溶剂最好遇冷至-20 ℃。

②为避免加入有机溶剂时局部温度过高导致生物大分子失活，加入有机溶剂时应不断搅拌，同时采用少量多次加入法加入。

③通常沉淀最好在低温静置 2 h 左右，然后进行离心或过滤分离，再用真空抽去剩余溶剂，或将沉淀溶于大量的缓冲液中稀释有机溶剂。

3）pH

在蛋白质结构稳定范围下选择溶解度最低处的 pH，有利于提高沉淀效果，适宜的 pH 可大大提高分离的分辨能力。尽可能选择样品溶解度最低的 pH，通常是选在等电点附近，以提高沉淀的分辨能力。要选择在样品稳定的 pH 范围内，少数生物分子在等电点附近不稳定，影响其活性。另外在控制溶液 pH 时，尽量避免目的物与杂质分子带相反电荷而加剧共沉淀现象的发生。

4）样品的浓度

样品的浓度对有机溶剂沉淀的影响与盐析沉淀法有类似之处。低浓度样品需要使用的有机溶剂的量大，样品的损失也较大，回收率低，但引起的共沉淀作用小，有利于提高分离的效果；高浓度的样品虽然可以节省有机溶剂的用量，能够减少变性的危险，提高回收率，但引发的共沉淀作用大，分离效果较差。综合以上两种因素的考虑，普遍认为蛋白质样品的初始浓度以 0.5%~2% 为宜，黏多糖的初始浓度以 1%~2% 为宜。

5）某些金属离子的助沉作用

在一定的 pH 下，Zn^{2+} 和 Ca^{2+} 等多价离子能够与溶液中阴离子状态的蛋白质形成复合物，这种复合物溶解度大大降低而不影响生物活性，有利于沉淀形成，并降低溶剂的使用量。如 0.005~0.02 mol/L 的 Zn^{2+} 可使有机溶剂用量减少约 1/3 以上，这在工业生产中非常有应用价值。如在胰岛素精制工艺中，胰岛素最终以胰岛素锌盐从溶液中析出，但是使用此方法时，应避免溶液中可能与这些金属离子形成难溶性盐的阴离子，如有沉淀反应则必须预先去除。

6）离子强度

较低的离子强度常有利于生物分子的沉淀，甚至还具有保护蛋白质或酶等生物分子，防止其变性，减少水和溶剂互溶及稳定介质的 pH 的作用。蛋白质的分离提纯中，以有机溶剂中盐的浓度不超过 5% 为最佳浓度，盐浓度太大或太小都有不利影响。当离子强度达一定程度时（0.2 mol/L 以上），往往需要增加有机溶剂的用量才能使沉淀析出。因此，若要对盐析后的上清液或沉淀物进行有机溶剂沉淀，则必须事先除盐。

6.2.5 有机溶剂沉淀操作注意事项

有机溶剂沉淀技术的操作方法与盐析技术相似，盐析技术的注意事项在这里同样适用。此外，还需要注意以下几点：

1）操作注意事项

①低温下操作。由于有机溶剂加入水溶液时产生放热反应会引起蛋白质变性，整个操作

过程必须保持低温条件,并且有机溶剂的加入方式要采取边加入边搅拌,以防引起局部浓度过大导致蛋白质变性失活。

②有机溶剂操作时的 pH 大多数控制在待沉淀蛋白质等电点附近。

③中性盐作用。使用有机溶剂沉淀有使酶变性的可能,在沉淀过程中加入一些对酶有保护作用的盐类,对减少酶的损失十分有利,还可使沉淀物凝聚而易于过滤。但是,加入的量过多则可引起蛋白质析出,影响有机溶剂的分级作用。

④沉淀的条件一经确定,就必须严格控制,才能得到重复性结果。

⑤有机溶剂易使酶和具有活性的蛋白质变性,同时有机溶剂对人体有一定的损害作用,在使用时应该采取好防护措施,如佩戴手套、口罩或在通风橱中进行操作,应避免身体部位与有机溶剂的直接接触。

2) 操作方法

有机溶剂沉淀应用的范围比较广,许多生物大分子只要选用合适的有机溶剂,并且综合调整影响有机溶剂沉淀的因素,均可获得较好的分离效果。有机溶剂沉淀法常应用于酶制剂、氨基酸、抗生素等发酵产物的提取。

例如,在酶制剂的提取过程中,将一定量的某些能与水相混合的溶剂加入酶的溶液中,利用酶蛋白在有机溶剂中的溶解度不同,使所需酶蛋白和其他杂蛋白分开,并得以浓缩,使酶沉淀析出,分级提纯。又如,用有机溶剂沉淀法提取氨基酸时,先将发酵液除去菌体等杂质后,加进能够和水混溶的有机溶剂(如甲醇、乙醇、丙酮等),然后调节 pH 至氨基酸的等电点处,使氨基酸析出。使用过的溶剂可蒸馏回收,循环使用。有机溶剂沉淀法提取氨基酸的提取效率高,但耗用有机溶剂的量大。在实际生产中,这一方法经常与离子交换层析技术相联合,尤其是用在氨基酸精制过程效果很好。

6.3 等电点沉淀技术

等电点沉淀技术主要利用两性电解质分子在等电点处溶解度最低,而各种两性电解质具有不同的等电点而进行分离的一种技术。

6.3.1 等电点沉淀技术的原理

两性电解质所带电荷因溶液的 pH 不同而改变,在某一 pH 的溶液中,蛋白质或氨基酸等物质解离成阳离子和阴离子的趋势及程度相等,此时呈电中性,在电场中既不向阴极移动,也不向阳极移动,氨基酸所带净电荷为零,此时溶液的 pH 称为该物质的等电点,以符号 pI 表示。当达到等电点时,蛋白质或酶分子表面静电荷为零,导致赖以稳定的双电层及水化膜被削弱或破坏,分子间引力增加,溶解度降低。调节溶液的 pH 值,使两性溶质溶解度下降,进而沉淀析出。

氨基酸在水溶液中的解离度与溶液的 pH 有关,如图 6.2 所示。向氨基酸溶液中加酸时,羧基接受质子,使氨基酸带正电荷;加碱时,氨基释放质子,与 OH⁻ 中和,使氨基酸带负电荷。

因此,根据这一性质可以调节溶液的 pH 值进行蛋白质和氨基酸的电泳以及分离某些氨基酸。

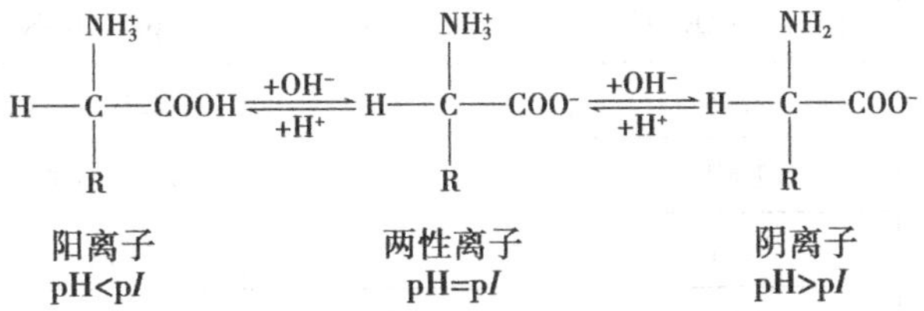

图 6.2 氨基酸所带电荷与溶液 pH 的关系

等电点沉淀法操作十分简单,试剂消耗量小,且很多蛋白质的等电点都在偏酸性范围内,而无机酸通常价格低廉,引入的杂质少,是一种有效的分离纯化方法。但由于其分辨率差,并且许多生物分子的等电点又比较接近,因此常与盐析、有机溶剂沉淀法等联合使用。

例如,工业生产中常利用等电点沉淀法制备谷氨酸。具体做法是,将氨基酸发酵液的 pH 调节至谷氨酸的等电点 pH = 3.22 附近,即可以沉淀出大部分的谷氨酸。工业上生产胰岛素时,在粗提液中先调节 pH = 8.0,去除碱性蛋白质,再调节 pH = 3.0,去除酸性蛋白质,可以较好地除去杂蛋白。

根据不同蛋白质的等电点不同,当蛋白质混合物的 pH 被调到其中一种成分的等电点时,该蛋白质将大部分或全部沉淀下来。那些等电点高于或低于该 pH 的蛋白质仍保留在溶液中,可利用此性质进行蛋白质的分级分离。这样沉淀出来的蛋白质可保持天然构象,当蛋白质不处于等电点状态时,能再溶解于水并具有天然的活性。

表 6.3 为常见氨基酸的等电点一览表。中性氨基酸分子中含有相同数目的氨基和羟基,等电点在 pH = 4~7,大多数氨基酸属于这一类。酸性氨基酸分子中含羧基的数目多于氨基的数目,故等电点在 pH = 4 以下;碱性氨基酸分子中含氨基的数目多于羧基的数目,故等电点在 pH = 7 以上。

表 6.3 常见氨基酸的等电点一览表

氨基酸	pK_1(—COOH)	pK_2(—NH$_3^+$)	pK_R(R 基)	pI
甘氨酸	2.34	9.60		5.97
丙氨酸	2.34	9.60		6.02
缬氨酸	2.32	9.62		5.97
亮氨酸	2.36	9.60		5.98
异亮氨酸	2.36	9.68		6.02
丝氨酸	2.21	9.15		5.68
苏氨酸	2.63	10.43		6.53
天冬氨酸	2.09	9.82	3.86(β-COOH)	2.97
天冬酰胺	2.02	8.80		5.41
谷氨酸	2.19	9.67	4.25(γ-COOH)	3.22
谷氨酰胺	2.17	9.13		5.65
精氨酸	2.17	9.04	12.48(胍基)	10.76

续表

氨基酸	$pK_1(—COOH)$	$pK_2(—NH_3^+)$	$pK_R(R\ 基)$	pI
赖氨酸	2.18	8.95	10.50(ε-氨基)	9.74
组氨酸	1.82	9.17	6.00(咪唑基)	7.59
半胱氨酸	1.71	8.33	10.78(—SH)	5.02
甲硫氨酸	2.28	9.21		5.75
苯丙氨酸	1.83	9.13		5.48
酪氨酸	2.20	9.11	10.78(—OH)	5.66
色氨酸	2.38	9.39		5.89
脯氨酸	1.99	10.60		6.30

6.3.2　等电点沉淀技术的影响因素及注意事项

等电点沉淀技术是氨基酸提取方法中最为简单的一种,适用于在水中溶解度较低的氨基酸的提取。如谷氨酸、天冬氨酸、胱氨酸、色氨酸和苯丙氨酸的提取。

等电点沉淀技术的影响因素及注意事项如下:

1)盐离子的影响

若生物分子结合多量的阳离子(如 Ca^{2+}、Mg^{2+}、Zn^{2+})时等电点便升高;而结合多量的阴离子(如 Cl^-、SO_4^{2-})时等电点则降低。自然界中许多蛋白质或酶等生物分子较易结合阴离子,使等电点向酸性方向发生偏移。

2)目的生物分子的稳定性

有些蛋白质或酶等生物分子在等电点附近不稳定。如胰蛋白酶($pI=10.1$),它在中性或偏碱性的环境中会部分降解失活,所以在实际操作中避免 pH 超过 5.0。

调节等电点时,应考虑目的产物成分的稳定性。生产中应尽可能避免直接用强酸或强碱调节 pH,以免导致局部过酸或过碱,从而引起目的成分蛋白或酶的变性。另外,调节 pH 所用的酸或碱应与原溶液中的盐或即将加入的盐相适应。如溶液中含硫酸铵时,可用稀硫酸或氨水调节 pH;如原溶液中含有氯化钠时,可用稀盐酸或氢氧化钠溶液调节 pH。总之,应以尽量不增加新物质为原则。

3)回收率较低

等电点沉淀法主要适用于水化程度不大、在等电点处溶解度很低的两性物质,如乳酪蛋白在等电点时能形成粗大的凝聚物。对于亲水性很强的两性物质,在 pI 及 pI 附近仍有相当的溶解度,用该法沉淀不完全。许多生物分子的 pI 很接近,如明胶,在低离子强度的溶液中调节 pH 至等电点时并不会产生沉淀,因此回收率较低,很少单独使用,通常与其他沉淀技术联合使用。

6.4　其他沉淀技术

6.4.1　选择性变性沉淀技术

蛋白质从有规则的排列变成无规则结构的过程称为变性。一般变性蛋白质的溶解度较低。使蛋白质变性的方法很多,通常有加热法、调节 pH 值,等等。

1) 加热

加热不仅会使蛋白质变性,同时可降低液体黏度,提高过滤速率。热敏性是蛋白质的一个显著特性,有些蛋白质在 50 ℃即失去活性而变性,一般的蛋白质在 70~80 ℃则不可逆地变性析出。在柠檬酸的生产过程中,将发酵液加热到 80 ℃可以使蛋白质变性凝固,降低发酵液的黏度,在除去杂蛋白的同时,过滤速度也得到了提高。再如黄原胶发酵液的预处理,在 pH = 6.5~6.9 的条件下,80~130 ℃加热 10~20 min,就可钝化内含的某些酶类及杀死菌体细胞,有助于发酵液的过滤澄清。该方法操作简单,成本低,但是热处理法容易导致目的产物的变性,因此目的产品为热敏性物质时,应该谨慎使用该法。

2) 调节 pH 值

调节 pH 值使蛋白质变性经常应用在抗生素的生产中,常将发酵液 pH 值调至偏酸性范围(pH = 2~3)或碱性范围(pH = 8~9)使蛋白质变性凝固。一般酸性条件下除去的蛋白质较多,而极端 pH 值会导致某些目的产物的失活,并且要消耗大量的酸或碱。

6.4.2　水溶性非离子型聚合物沉淀技术

水溶性非离子型聚合物沉淀技术是近年来广泛应用于核酸和酶的分离提纯过程中的一种技术。常用的非离子型聚合物包括不同分子量的聚乙二醇(PEG)、聚乙烯吡咯烷酮和葡聚糖等,应用较多的是相对分子质量 6 000~20 000 的 PEG。

非离子型聚合物有较强的亲水性,能溶于水和许多有机溶剂,与生物大分子以氢键相互作用形成复合物,在重力作用和空间位置排斥而形成沉淀析出。其优点主要表现在:

①操作条件温和,不易引起生物大分子变性。

②沉淀效率高,使用量少,沉淀生物大分子的量多。

③沉淀的颗粒往往比较大容易去除。

缺点是所得的沉淀中含有大量的沉淀剂(PEG 等)。

6.4.3　成盐沉淀技术

生物大分子和小分子都可以生成盐类复合物而沉淀,这种方法称为成盐沉淀技术。此技术一般可分为：

1) 有机酸沉淀技术

含氮有机酸如苦味酸、鞣酸、苦酮酸等，能与生物分子的碱性基团形成复合物而沉淀析出。但这些有机酸与蛋白质或酶等生物分子形成的盐复合物常常发生不可逆的沉淀反应，因此，工业上选用此法制备蛋白质或酶等生物分子时，需采取较温和的条件，有时还加入一定的稳定剂，以防止蛋白质发生变性。

2) 无机酸沉淀技术

某些无机酸如磷钨酸、磷钼酸等，能与阳离子形式的蛋白质形成溶解度极低的复合盐，从而使蛋白质沉淀析出。用此法得到沉淀物后，可在沉淀物中加入无机酸并用乙醚萃取，把磷钨酸、磷钼酸等移入乙醚中除去，或用离子交换法除去。

3) 金属复合盐技术

许多生物分子在碱性溶液中带负电荷，能与金属离子(如 Cu^{2+}、Zn^{2+}、Ca^{2+}、Pb^{2+} 等)形成复合盐沉淀。但复合物的形式与种类则依各类金属离子和蛋白质或酶等生物分子的性质、溶液离子强度及配基的位置等而有所不同。沉淀中的金属离子可以通过加入 H2S 使其变成硫化物而除去。

·本章小结·

通过改变溶液条件，使溶质以固体形式从溶液中分离出来的操作技术称为沉淀分离技术。沉淀技术是纯化各种生物物质常用的一种经典方法。沉淀技术的主要方法有盐析法、有机溶剂沉淀法、等电点沉淀法等。

盐析技术是指在样品溶液中加入高浓度的中性盐，使得待分离物质的溶解度降低进而从溶液中析出的技术，所以盐析技术又称中性盐沉淀技术。根据蛋白质和酶等生物分子在浓盐溶液中的溶解度的差异，通过向处理溶液中加入一定数量的中性盐，使不同溶解度的生物分子先后凝聚而从溶液中析出，从而达到分离目的的一种技术。盐析操作时，中性盐的选择会直接影响盐析的效果。盐析法常用的盐类以中性盐居多，主要有硫酸铵、硫酸钠、氯化钠、磷酸钠、柠檬酸钠等。中性盐的加入方式有固体加入法、饱和溶液加入、透析平衡法。盐析操作的影响因素有盐离子强度和种类、盐析的温度、盐析的 pH 值、生物分子种类及浓度以及操作方式。

向蛋白质等生物大分子的水溶液中加入一定量亲水性的有机溶剂，能显著降低蛋白质等生物大分子的溶解度，使其沉淀析出的技术称为有机溶剂沉淀技术。与盐析法相比，有机溶剂沉淀技术具有的优点如：分辨能力高于盐析法，一种蛋白质或其他溶质只在一个较窄的有机溶剂浓度范围内沉淀；溶剂容易除去且可回收，沉淀的蛋白质不需要再进行脱盐处理。常用于生物大分子沉淀的有机溶剂主要有乙醇、甲醇、丙酮、异丙醇等，此外还有二甲基亚砜、乙腈、二甲基甲酰胺、2-甲基-2,4-戊二醇(MPD)等。影响有机溶剂沉淀的因素有有机溶剂的种类及用量、温度、样品浓度、pH、金属离子及离子强度。

等电点沉淀技术主要利用两性电解质分子在等电点处溶解度最低,而各种两性电解质具有不同的等电点而进行分离的一种技术。等电点沉淀技术是氨基酸提取方法中最为简单的一种,适用于在水中溶解度较低的氨基酸的提取。如谷氨酸、天冬氨酸、胱氨酸、色氨酸和苯丙氨酸的提取。影响等电点沉淀技术的因素主要有盐离子的影响、目的生物分子的稳定性、回收率较低等。

 复习思考题

1.盐析技术的基本原理是什么? 请举例说明如何进行盐析操作沉淀生物大分子。

2.如何选择有机溶剂才能达到良好的沉淀效果?

3.有机溶剂沉淀技术沉淀生物分子时应注意哪些问题?

4.简述等电点沉淀技术的基本原理。

第7章 层析技术

【学习目标】
➤理解层析技术的基本原理与分类。
➤理解各种色谱法的操作要点和适用范围。
➤理解各种层析技术在生物物质分离工程中的应用。
➤能够独立完成层析操作。
➤能够应用各种层析介质和技术纯化和分析蛋白质。

【能力目标】
➤色谱系统的组成。
➤凝胶层析技术原理。
➤离子交换层析技术原理。
➤亲和层析技术原理。

7.1 概　述

7.1.1 层析技术的基本理论

层析技术又称色谱技术,是一种利用混合物中各组分物理、化学性质的差异,使各组分按照不同比例分布在两相中而进行分离的方法。层析技术具有分离精度高、设备简单、操作方便等优点,是目前获得高纯度产物最有效的分离与纯化技术。层析分离技术的机制多种多样,但不管哪种方法都必须包括两个相:固定相(固体或液体)与流动相(液体或气体)。当流动相流经固定相时,由于所含物质在两相间的分配系数有差异,故经过多次差别分配后可实现分离。

1)固定相

固定相是层析的一个基质,可以是固体,也可以是液体。常用的固体基质包括吸附剂、凝胶、离子交换树脂等;液体基质指固定在硅胶或纤维素上的溶液,这样基质能与待分离的组分进行可逆性吸附、交换、溶解等作用,对层析的效果起着关键作用。

2)流动相

流动相是指在层析过程中推动待分离的组分朝着一个方向移动的液体或气体。在柱层析中一般称为洗脱剂,薄层层析中常称为展开剂,也是对层析分离有重要影响的因素之一。

3)常用参数

待分离的各组分经层析柱分离后,随流动相依次流出层析柱进入检测器,检测器的响应信号——时间曲线或检测器的响应信号——流出体积曲线,称为层析流出曲线,又称层析图,如图 7.1 所示。层析图的纵坐标为检测器的响应信号,横坐标为时间或流动相流出体积。

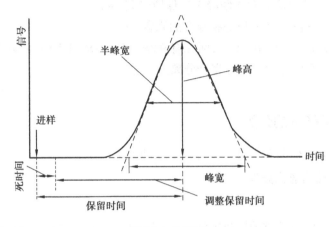

图 7.1 层析图

(1)体积、时间

①洗脱体积(V_e):指从洗脱开始,某一成分从柱顶部到底部的洗脱液中出现浓度达到最大值时的流动相体积。

②外水体积(V_o):指柱中层析剂颗粒间隙的液相体积总和。

③内水体积(V_i):指溶胀后的层析剂颗粒网孔中的液相体积总和。

④基质体积(V_g):又称支持物基质体积或干胶体积,指层析剂基质颗粒骨架所占据的体积。

⑤总柱床体积(V_t):指层析剂经溶胀、装柱、沉降,体积稳定后所占层析柱内的总体积。V_t是基质的外水体积 V_o 和内水体积 V_i 以及自身体积 V_g 的总和,即 $V_t = V_o + V_i + V_g$。

⑥死体积(V_m):指不被层析柱层析剂滞留的惰性组分,从开始洗脱到柱出口出现浓度最大值时流出的流动相体积。其值等于外水体积加内水体积,即 $V_m = V_o + V_i$。

⑦洗脱时间(保留时间,t_e):指从洗脱开始,某一成分从柱顶部到底部的洗脱液中出现浓度达到最大值时的时间。

⑧死时间(t_m):指不被层析柱层析剂滞留的惰性组分,从开始洗脱到柱出口出现浓度最大值所需的时间。其值等于流动相流过层析柱所需的时间。

⑨调整保留时间($t_e - t_m$):指洗脱时间扣除死时间后的值。

(2)峰高、峰面积和峰宽

①峰高(h):指层析顶点与峰底之间的垂直距离。

②峰宽(W)和半峰宽($W_{1/2}$):指通过层析峰的拐点作切线在峰底部的截距;半峰宽是洗脱

峰高一半时的宽度。

③峰面积(A):指峰与峰底之间的面积。

4)分离度

分离度(R)又称分辨率,指相邻两个洗脱峰保留时间之差的 2 倍与层析峰峰宽之和的比值,表达式为:

$$R = \frac{2(t_{e2} - t_{e1})}{W_1 + W_2} \tag{7.1}$$

式中 t_{e2} 和 t_{e1}——洗脱峰 2 和洗脱峰 1 的保留时间,min;

W_1 和 W_2——洗脱峰 1 和洗脱峰 2 的峰宽,cm。

$R<1$ 时,两峰部分重叠;$R=1$ 时,两峰有 98% 的分离;$R=1.5$ 时,两峰分离程度可达99.7%。因此,一般用 $R=1.5$ 作为两种组分完全分离的标志。

7.1.2 层析技术的分类

根据不同的分类标准层析可以分为以下几种类型:

1)根据固定相的形式分类

(1)纸层析

纸层析是以滤纸为基质的层析方法,适用于小分子物质的快速检测分析和少量分离制备。

(2)薄层层析

薄层层析是在玻璃或塑料等光滑表面,将基质铺成一薄层,在薄层上进行分析。该法是快速分离和定性分析少量物质的一种很重要的实验技术,属于固-液吸附色谱。此法特别适用于挥发性较小或较高温度易发生变化而不能用气相色谱分析的物质。

(3)柱层析

柱层析为层析技术中最常用的一种形式,适用于样品的分离、分析。生化领域中常用的凝胶层析、离子交换层析、亲和层析等,都采用柱层析的范畴。

2)根据流动相的形式分类

(1)气相色谱

气相色谱是流动相为气体的色谱,根据固定相的不同分为气-固色谱和气-液色谱。由于样品在气相中传递速度快,因此样品组分在流动相和固定相之间可以瞬间达到平衡,加上可选作固定相的物质很多,因此气相色谱法是一个分析速度快和分离效率高的分离分析方法。但由于气相色谱在分析测定样品时需要汽化,限制了在生化领域的广泛应用,主要用于氨基酸、核酸、糖类和脂类等小分子的检测和分离。

(2)液相色谱

液相色谱是流动相为液体的色谱,根据固定相的不同,可分为液-固色谱和液-液色谱。液相色谱是生物领域最常用的层析方式,其中高效液相色谱法引入了气相色谱的理论,流动相改为高压输送,色谱柱是以特殊的方法用小粒径的填料填充而成,从而使柱效大大提高;同时柱后安装有高灵敏度的检测器,可对流出物进行连续检测,适用于各种生物制品和药品的分析检测。

此外,超临界流体色谱是指用超临界流体做流通相,以固体吸附剂(如硅胶)或键合到载体(或毛细管壁)上的高聚物为固定相的色谱法。超临界流体是在高于临界压力和临界温度时的一种物质状态,它既不是气体也不是液体,但兼有气体和液体的某些性质。

3) 根据分离原理的不同分类

(1) 吸附层析

吸附层析是根据固定相对混合物中各组分吸附能力的不同而实现分离的一种方法。根据物质状态不同,可分为固液吸附和固气吸附;按照吸附手段,可分为物理吸附、化学吸附和半化学吸附。

(2) 凝胶过滤层析

凝胶过滤层析又称分子筛层析,是以具有网状结构的凝胶作为固定相,是根据各组分分子大小和形状不同而对混合物进行分离的方法。

(3) 离子交换层析

离子交换层析是根据混合物中各组分在一定条件下带电荷的种类、数量及电荷的分布不同,按结合力由弱到强的顺序洗脱下来得以分离的方法。

(4) 亲和层析

亲和层析是利用偶联亲和配基的亲和吸附介质为固定相吸附目标产物,从而使目的产物得以分离与纯化的方法。

(5) 疏水层析

疏水层析是利用溶质分子的疏水性差异,从而与固定相间疏水作用的强弱不同实现分离的层析方法。

生物分离与纯化中常用的层析方法如表7.1所示。

表 7.1 常用层析技术一览表

色谱方法	分离原理	被分离物质	特 点
离子交换色谱	静电作用	蛋白质 有机离子	对蛋白质序列的微小变化敏感,可改变表面电荷,但 pH 范围有限,完全回收需要使用高盐或高浓度置换剂
凝胶过滤色谱	分子筛原理	蛋白质 去除缓冲液离子	操作简便、固定相机械强度限制了流速
亲和色谱	特异性作用	蛋白质 多肽	配体种类丰富,但价格昂贵
疏水色谱	疏水性	维生素 蛋白质	操作 pH 值范围宽、收率高,但需增强离子强度
反相色谱	疏水作用	微生物 蛋白质、多肽	适用于水溶性差或在水中不稳定的物质,可能引起溶质变性

7.1.3　柱层析的操作

各种柱层析操作流程相似,主要包括层析剂的选择和准备、装柱、上样、洗脱、检测、收集、层析剂再生和保存等步骤。

1)介质的选择和准备

首先根据被分离组分的物理、化学性质及处理规模,选择合适的层析技术和相应的层析剂,不同存在形式的层析剂处理的方法不同。如果是预装柱形式的,则预装柱经平衡后可直接加样;如果是固液悬浮形式的,使用前静置使介质沉降于容器底部,倾去上清液,添加平衡液置换储存剂,搅匀后即可装柱;如果是固态干粉形式的,使用前需先用平衡液进行充分溶胀,静置沉降分层后方可装柱。

2)装柱

装柱是柱层析法成功分离纯化物质的关键步骤之一,所以装柱的质量好坏至关重要。一般要求柱子装得要均匀,不能分层,柱中不能出现气泡等,否则须重新装柱。

装柱前应根据生产规模和层析类型选择合适的层析柱,一般柱子的直径与长度比为1:(10~50);凝胶柱可以选为1:(100~200)。洗涤干净后,检查层析柱是否渗漏,并保证层析柱垂直安装。将介质悬液轻微搅拌均匀,利用玻璃棒引流,尽可能一次性将介质倾入层析柱,注意液体应沿着柱内壁流下,防止有气泡产生。

如果当介质沉降后发现柱床高度不够,需要再次向柱内补加介质时,应将已沉降表面轻轻搅起,防止两次倾倒产生界面。介质倾注完毕应关闭柱下端出口,静置至介质完全沉降。

柱子装好后要用所需的平衡液平衡柱子,目的是确保层析柱中介质填料网孔和间隙中的液体与洗脱剂在组成、pH 和离子强度等方面达到完全一致。平衡液体积一般为柱床体积的3~5倍。

3)加样

加样过程是将一定体积的样品添加至层析柱顶端,并使其进入层析柱,依靠重力或泵提供的压力使样品进入床面的过程。

在层析过程中,对于介质特别是高分辨率介质来说,若要延长其使用寿命,得到好的分离效果,样品溶液中不应有颗粒状物质存在,因此样品溶液配制后应过滤除去未溶解的固体颗粒。同样,样品的黏度也是影响上样量和分离效果的一个重要方面,高黏度的样品会造成层析过程中区带不稳定及不规则的流型,洗脱峰出现明显的异常,严重影响分辨率。

4)洗脱

当加样完毕并且样品进入层析柱后,应立即用洗脱剂对样品进行洗脱。洗脱的方式有简单洗脱、分步洗脱和梯度洗脱 3 种。

（1）简单洗脱

柱子始终用同样的一种溶剂洗脱,直至层析分离过程结束为止。如果分离物质对固定相的亲和力差异不大,其区带的洗脱时间间隔也不长,采用此法比较适宜。

（2）分步洗脱

按照递增洗脱能力顺序排列几种洗脱液,进行逐级洗脱。主要适用于混合物组成简单、各组分性质差异较大或需快速分离时,每次用一种洗脱剂将其中一种组分快速洗脱下来。

（3）梯度洗脱

当混合物中组分复杂且性质差异小时,一般宜采用梯度洗脱。它的洗脱能力是逐步增加的,梯度可以指浓度、极性、离子强度或 pH 等,其中最常用的是浓度梯度。

5) 样品的检测、收集

样品进行层析时,各组分的分离情况、目标分子的洗脱情况等通过检测器反映在层析图谱中,检测器与层析柱的下端相连,柱中流出的洗脱液直接进入检测器的流动池,由检测器测出相应的读数,对应不同的组分浓度。

根据样品中组分性质的不同,选择的检测器有多种不同。最常用的是紫外检测器,大多数紫外检测器属于固定波长检测器,可以在 3 个固定波长,即 280 nm、254 nm、214 nm 下测定洗脱液的吸光度。对于在紫外光区无吸收或虽然有吸收但受其他物质干扰较大的样品,则宜采用示差折光检测器进行检查。

6) 介质的清洗、再生和储存

层析结束后会有一定数量的物质,如变性蛋白、脂类等污染物比较牢固地结合在介质上,用洗脱剂无法将其洗脱。残留的物质会干扰以后的分离纯化,影响到组分在层析时的表现,造成分辨率的下降,并可能对样品造成污染,以及使得层析背景压力上升,甚至堵塞层析柱。因此,根据样品中污染物含量的多少,在每次或连续数次层析后彻底清洗掉层析柱的结合物质,恢复介质的原始功能。

清洗过程既可以在层析柱内进行,使一定体积的清洗剂通过层析柱,也可将介质从柱中取出,清洗完再重新装柱。如果所用层析柱是预装柱,则必须在层析柱内清洗,将其拆卸会导致柱效严重下降。清洗中若用常规清洗方法不能将一些含特殊组分的污染物除去,则必须针对污染物的类型,采用具有针对性或专属清洗方法。选用清洗剂的前提是应保证介质在清洗时具有较好的稳定性。

7.2 凝胶层析技术

凝胶层析又称分子筛层析、凝胶排阻层析、凝胶过滤等,是根据分子大小进行分离的方法。它是以多孔性凝胶填料为固定相,按照分子大小顺序分离样品中各个组分的液相色谱方法。凝胶层析突出优点是层析所用的凝胶属于惰性载体,不带电荷,吸附力弱,操作条件比较温和,可在广泛的温度范围内进行操作,不需要有机溶剂,并且对分离成分理化性质的保持有独到之处,对于高分子物质有很好的分离效果。广泛用于蛋白质(包括酶)、核酸、多糖等生物分子的分离纯化,还可用于蛋白质分子质量的测定、脱盐和样品的浓缩等。

7.2.1 凝胶层析的基本原理

凝胶层析以多孔凝胶层析剂为分离介质,将凝胶装于层析柱中加入含有不同相对分子质量物质的混合液,小分子溶质能在凝胶海绵状网格中,即凝胶内部空间全都能为小分子溶质所达到,凝胶内外小分子溶质浓度一致。在向下移动的过程中,小分子物质从一个凝胶颗粒扩散至另一个颗粒中,不断地进入和流出,使流程增长,移动速率变慢而最后流出;而大分子物质不能透过凝胶内,只沿着颗粒间隙流动,因此流程短,较小分子溶质更快流出层析柱;中等分子部分进入凝胶颗粒,部分进入凝胶颗粒内部,从而在小分子与大分子溶质之间被洗脱出来,据此使不同相对分子质量的溶质得以分离。其基本原理如图 7.2 所示。

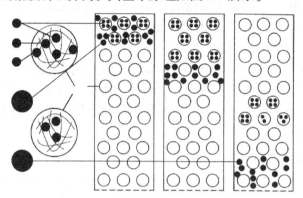

图 7.2　凝胶层析基本原理示意图

7.2.2　凝胶的种类

凝胶的种类很多,理想的凝胶介质主要具有以下特点:介质本身为惰性物质,不与溶质、溶剂发生任何作用;介质内孔径大小分布均匀;介质内含有带电离子基团少,以及具有良好的物理、化学稳定性等。常用的凝胶主要包括葡聚糖凝胶、琼脂糖凝胶、聚丙烯酰胺凝胶等,另外还有多孔玻璃珠、多孔硅胶、聚苯乙烯凝胶等。

1) 葡聚糖凝胶

葡聚糖凝胶(Sephadex)是应用最广泛的凝胶之一,它是由葡聚糖通过环氧氯丙烷交联形成的颗粒状凝胶,又称交联葡聚糖凝胶。在合成 Sephadex 时,交联剂的用量决定了凝胶的交联度和网孔大小,从而进一步决定了该介质的分级范围,交联剂在原料中所占的质量百分比成为交联度,交联度越大,网状结构越紧密,吸水量越小,吸水后膨胀也越小,凝胶的型号就是根据吸水量而来的。常见葡聚糖凝胶类型如表 7.2 所示。

表 7.2　常用葡聚糖凝胶性质一览表

凝胶规格		吸水量 /(mL·g⁻¹ 干凝胶)	膨胀体积 /(mL·g⁻¹ 干凝胶)	分离范围(相对分子质量)		溶胀时间/h	
型号	干粒直径/μm			肽或球状蛋白/×10³	多糖/×10³	20 ℃	100 ℃
G-10	40~120	1.0±0.1	2~3	0.7	0.7	3	1
G-15	40~120	1.5±0.2	2.5~3.5	1.5	1.5	3	1

续表

凝胶规格		吸水量 /(mL·g⁻¹ 干凝胶)	膨胀体积 /(mL·g⁻¹ 干凝胶)	分离范围(相对分子质量)		溶胀时间/h	
型号	干粒直径/μm			肽或球状 蛋白/×10³	多糖/×10³	20 ℃	100 ℃
G-25	100~300(粗粒)	2.5±0.2	4~5	1~5	0.1~5	3	1
	50~150(中粒)						
	20~80(细粒)						
	10~40(极细)						
G-50	100~300	5.0±0.3	9~11	1.5~30	0.5~10	3	1
	50~150						
	20~80						
	10~40						
G-75	40~120	7.5±0.5	12~15	3~70	1~50	24	3
	10~40						
G-100	40~120	10±0.1	15~20	4~150	1~100	72	5
	10~40						
G-150	40~120	15±1.5	20~30	~400	1~150	72	5
	10~40		18~20				
G-200	40~120	20±2.0	30~40	5~800	1~200	72	5
	10~40		20~25				

2) 琼脂糖类凝胶

琼脂糖凝胶市售商品名为 Sepharose(瑞典)、Bio-Gel A(美国)和 Sagavac(英国),它是从琼脂中除去带电荷的琼脂胶后,剩下的不含磺酸基团、羧酸基团等带电荷基团中的中性部分,结构是链状的聚半乳糖及其衍生物,易溶于沸水,冷却后可依靠糖基间的次级键如氢键来维持网状结构的凝胶。

常用的主要分为 3 类:第一类是珠状的琼脂糖凝胶本身,商品名为 Sepharose;第二类是用 2,3-二溴丙醇作为交联剂,在强碱条件下与 Sepharose 反应产生了强度和稳定性优良的凝胶,称为 Sepharose CL 系列;第三类是在 Sepharose 基础上经过两次交联后得到的另一种分辨率、机械强度、分级范围性能更好的凝胶,称为 Superose。常见的琼脂糖凝胶如表 7.3 所示。

表 7.3　常见琼脂糖凝胶性质一览表

商品名称	琼脂糖浓度/%	分离范围 (蛋白质的相对分子质量)
Sepharose 2B	2	$7×10^4 \sim 4×10^6$
Sepharose 4B	4	$6×10^4 \sim 2×10^6$

续表

商品名称	琼脂糖浓度/%	分离范围 (蛋白质的相对分子质量)
Sepharose 6B	6	$1\times10^4 \sim 4\times10^6$
Bio-Gel A-0.5 m	10	$1\times10^4 \sim 5\times10^5$
Bio-Gel A-1.5 m	8	$1\times10^4 \sim 1.5\times10^6$
Bio-Gel A-5 m	6	$1\times10^4 \sim 5\times10^6$
Bio-Gel A-15 m	4	$4\times10^4 \sim 1.5\times10^7$
Bio-Gel A-50 m	2	$1\times10^5 \sim 5\times10^7$
Bio-Gel A-150 m	1	$1\times10^6 \sim 1.5\times10^8$
Sagavac 10	10	$1\times10^4 \sim 2.5\times10^5$
Sagavac 8	8	$2.5\times10^4 \sim 7\times10^5$
Sagavac 6	6	$5\times10^4 \sim 2\times10^6$
Sagavac 4	4	$2\times10^5 \sim 1.5\times10^7$
Sagavac 2	2	$5\times10^4 \sim 1.5\times10^8$

3)聚丙烯酰胺凝胶

聚丙烯酰胺凝胶的商品名称为 Bio-Gel P,是一种人工合成的凝胶,在溶剂中能自动吸水溶胀成凝胶。由于聚丙烯酰胺凝胶完全是惰性的,适宜作为凝胶色谱的载体,缺点是不耐酸。聚丙烯酰胺凝胶性质如表 7.4 所示。

表 7.4　聚丙烯酰胺凝胶性质一览表

商品名称	吸水量/ $(mL \cdot g^{-1}干凝胶)$	膨胀体积/ $(mL \cdot g^{-1}干凝胶)$	分离范围(相对 分子质量)/$\times10^3$	溶胀时间/h	
				20 ℃	100 ℃
P-2	1.5	3.0	$0.1 \sim 1$	4	2
P-4	2.4	4.8	$0.8 \sim 4$	4	2
P-6	3.7	7.4	$1 \sim 6$	4	2
P-10	4.5	9.0	$1.5 \sim 20$	4	2
P-30	5.7	11.4	$2.5 \sim 40$	12	3
P-60	7.2	14.4	$10 \sim 60$	12	3
P-100	7.5	15.0	$5 \sim 100$	24	5
P-150	9.2	18.4	$15 \sim 150$	24	5
P-200	14.7	29.4	$30 \sim 200$	48	5
P-300	18.0	36	$60 \sim 400$	48	5

7.2.3 凝胶层析的操作方法

凝胶层析的操作方法与普通色谱分析法一致,分为溶胀凝胶、装柱、上样、收集和鉴定几个步骤。操作首先进行层析剂的选择,选用何种介质主要取决于分离的目标、样品的性质和操作条件等,其中待分离物质的分子大小是最重要的因素。所用的流动相即洗脱剂通常不对选择性产生影响,因此洗脱剂的选择比其他层析技术简单。凝胶使用后,应对凝胶进行冲洗、脱水干燥后保存。

凝胶层析过程中常见的问题及解决方案如表7.5所示。

表 7.5 凝胶层析常见问题的原因及解决方案

现 象	造成的原因	解决方案
目的产物的峰与其他主要杂质的峰分离不开	上样体积太大或样品准备出现问题	减少上样量;检查柱床表面凝胶和上方内膜是否有堵塞或污染
	样品黏度太大	用缓冲溶液稀释样品,要注意上样量的上限,保证样品浓度<70 mg/mL
	样品不均一,未正确过滤	重新平衡柱,将样品过滤后再进行试验
	缓冲液组成出现问题	检查选择曲线;检查吸附效率;考虑是否有变性剂和去污剂的影响
	过大的死腔体积	减少连接管道和接头等外连部分长度
	柱高不够	根据需要增加柱高
	流速过快	调整流速
	样品和环境温差过大	使用有恒温夹套的柱或在尽量保证样品的活性条件下和柱的环境接近
蛋白质没有按规律洗脱	样品量和前面的样品量差异较大	保持上样量基本稳定
	样品和介质之间有离子作用	保证缓冲溶液离子强度在0.05 mol/L NaCl~0.15 mol/L NaCl
	样品和介质之间有疏水作用	减少盐浓度;增加 pH
	样品的预处理不好	清洗柱,正确过滤样品,重新层析
	样品在保存期间变性	换新样品
	柱子未充分平衡	重新平衡
	蛋白或多肽在柱中沉淀	清洗柱,重新装货换柱
	样品过载	减少上样量

续表

现　象	造成的原因	解决方案
分子大小洗脱时间或峰型不正常	蛋白保存期变性	更换样品
	蛋白质和介质间有离子交换	保证缓冲溶液离子强度在0.05 mol/L NaCl~0.15 mol/L NaCl
	样品和介质间有疏水作用	减少盐浓度；增加 pH 或加入适当的去污剂或有机溶剂
蛋白洗脱时间提前在空体积前	在柱中有缝隙通道	重新装柱
峰型过圆	样品过载	减少样品
峰尾拖得太大	柱没装好	检查柱效,用高流速重新装柱
蛋白收率正常但活性损失	蛋白在体系中不稳定	测定在该 pH 和盐浓度下蛋白的稳定性
峰太小	样品在该波段吸收弱	调整灵敏度,调整波段
流速变得很慢	有蛋白沉淀或杂质残留管道或接头堵塞;介质没有充分溶胀	清洗柱子;检查或更换;重新膨胀再装柱
柱中有气泡或裂纹	装柱和储存的温度差异太大;管道或接头破裂	重新装柱或小心用加热法赶走气泡;更换管道

7.2.4　凝胶层析的应用

凝胶层析适用于各种生化物质,如多肽类、激素、蛋白质、多糖、核酸的分离与纯化、脱盐、浓缩以及分析测定等。

1)脱盐

高分子物质(如蛋白质、核酸、多糖等)溶液中含有的低相对分子质量的杂质,可以用凝胶色谱法去除,这一操作称为脱盐。凝胶色谱脱盐操作简便、快速,蛋白质和酶类等在脱盐过程中不易变性。脱盐操作适用的凝胶为 Sephadex G-10、Sephadex G-15、Sephadex G-25 或 Bio-Gel p-2、Bio-Gel p-4、Bio-Gel p-6,为了防止蛋白质脱盐后溶解度降低形成沉淀吸附于柱上,一般用醋酸铵等挥发性盐类缓冲液使色谱柱平衡,然后加入样品,再用同样的缓冲液洗脱,收集洗脱液用冷冻干燥法除去挥发性盐类。

2)去热原

热原是指某些能够致热的微生物菌体及其代谢产物,主要是细菌内毒素,注射液中如含热原,可危及病人的生命安全。因此,除去热原是注射液药物生产过程的一个重要环节,用 Sephadex G-25 凝胶色谱可除去氨基酸中的热原性物质;用 DEAE-Sephadex G-25 可制备无热原的去离子水。

3) 用于分离提纯

分离相对分子质量差别大的混合组分,如分离相对分子质量大于 1 500 的多肽和相对分子质量小于 1 500 的多糖,可选用 Sephadex G-15 凝胶色谱。

纯化青霉素等生物药物可用凝胶分离青霉素中存在的一些高分子杂质,如青霉素聚合物,或青霉素降解产物青霉烯酸与蛋白质相合而形成的青霉噻唑蛋白。

4) 测定高分子物质的相对分子质量

用一系列已知相对分子质量的标准品放入同一凝胶柱内,在同一色谱条件下,记录每一种成分的洗脱体积,并以洗脱体积对相对分子质量的对数作图,在一定相对分子质量范围内可得一条直线,即相对分子质量的标准曲线。测定未知物质的相对分子质量时,可将此样品加在测定了标准曲线的凝胶柱内洗脱后,根据物质的洗脱体积,在标准曲线上对应确定相对分子质量。

5) 高分子溶液的浓缩

通常将 Sephadex G-25 或 50 干胶投入到稀的高分子溶液中,这时水分和低相对分子质量的物质就会进入凝胶粒子内部的孔隙中,而高分子物质则排阻在凝胶颗粒之外,再经过离心或过滤,将溶胀的凝胶分离出去就得到浓缩的高分子溶液。

7.3 离子交换层析技术

离子交换层析是利用离子吸附剂为固定相,根据荷电溶质与离子交换剂之间静电引力差异,使荷电溶质相互分离开来的技术。离子交换层析技术是生物化学领域中常用的一种层析方法,广泛应用于各种生化物质如蛋白质、多糖、核酸等的分离纯化。

7.3.1 离子交换层析的基本原理

离子交换层析分离生物分子是根据某些溶质能解离为阳离子或阴离子的特性,利用离子交换剂与不同离子结合力强弱的差异,将溶质暂时交换到离子树脂上,然后用合适的洗脱剂或再生剂将溶质离子交换下来,使溶质从原溶液中得到分离、浓缩或提纯的操作技术,如图 7.3 所示。

整个离子交换过程可分为以下 5 个步骤:

①可交换离子在溶液中经扩散,穿过交换剂表面的水膜层到达交换剂表面。交换剂表面束缚了一层结合水构成的水膜,水膜的厚度取决于交换剂的亲水性强弱,亲水性越强水膜越厚,反之水膜越薄。可交换离子在溶液中经扩散,穿过交换剂表面的水膜层到达交换剂表面,扩散速度取决于水膜两侧可交换分子的浓度差。

②可交换离子进入凝胶颗粒网孔,并到达发生交换的活性中心位置,此过程称为粒子扩散。扩散速度取决于凝胶颗粒网孔大小、交联剂功能基团种类、可交换离子大小和带电荷数等诸多因素。

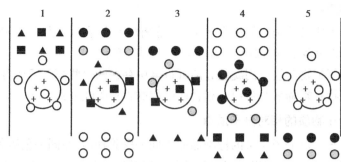

○ 起始缓冲液中的离子　○ 梯度缓冲液中的离子　● 极限缓冲液中的离子

■ 待分离的目的分子　　▲ 需除去的杂质

图 7.3　离子交换层析基本原理示意图

③可交换离子取代交换剂上的反离子而发生离子交换。

④被置换下来的反离子扩散到达凝胶颗粒表面，即粒子扩散。

⑤反离子通过扩散穿过水膜到达溶液中，即膜扩散。

上述 5 个步骤实际上就是膜扩散、粒子扩散和交换反应 3 个过程。其中，交换反应通常速度较快，而膜扩散和粒子扩散速度较慢。

蛋白质、多肽、核酸、多糖和其他带电生物分子正是这样通过离子交换剂得到了分离与纯化。即带负电荷的溶质可被阴离子交换剂交换，带正电荷的溶质可被阳离子交换剂交换。

7.3.2　离子交换剂

离子交换剂是一种不溶性的、具有网状立体结构的、可解离正离子或负离子基团的固态物质，可分为无机质和有机质两大类，又可分为天然和人造的。常见的离子交换剂有离子交换树脂和多糖基离子交换剂等，其中合成高分子离子交换树脂具有不溶于酸、碱溶液及有机溶剂、性能稳定、经久耐用、选择性高等特点，在工业生产中较为常用。

1) 离子交换树脂

离子交换树脂是一种不溶于水及一般酸、碱和有机溶剂的有机高分子化合物，其活性基团一般是多元酸或多元碱。市售离子交换树脂主要分为凝胶型和大网格型（大孔型）两种。

（1）凝胶型离子交换树脂

凝胶型离子交换树脂化学结构良好，具有离子交换能力，其结构由 3 个部分组成：惰性的不溶性三维空间网状结构树脂骨架；与骨架相连的不能移动的功能基团以及与功能基团所带电荷相反的可移动的离子，称为活性离子。如果活性离子是阳离子，即这种树脂能和阳离子发生交换，称为阳离子交换树脂；如果是阴离子，则称为阴离子交换树脂。阳离子交换树脂的功能团是酸性基团，而阴离子交换树脂是碱性基团，功能团的电离程度决定了树脂的酸性或碱性的强弱，所以通常将树脂分为强酸性、弱酸性阳离子交换树脂和强酸性、弱酸性阴离子交换树脂。

（2）大网格离子交换树脂

大网格离子交换树脂是指在大网格树脂骨架上连接离子交换功能团而生成的。大网格骨架实质上就是在聚合时加入一种惰性组分，这种组分不参与聚合反应，但能和单体互溶，当用悬浮聚合合成时，它还必须不溶于水或微溶于水，这种惰性组分称为致孔剂，它可以是线性高分子聚合物,也可以是能溶胀或不能溶胀聚合物的溶剂,其中以不能溶胀聚合物的溶剂效果最好,使用范围最广。

2) 多糖基离子交换剂

多糖基离子交换剂是在纤维素、葡聚糖和琼脂糖等多糖基骨架基质(载体)上连接上离子功能基团而形成的,主要包括离子交换纤维素、离子交换葡聚糖和离子交换琼脂糖。常见多糖基离子交换功能基团如表7.6所示。

表7.6　常见多糖基离子交换功能基团一览表

类　型	名　称	功能基团
阴离子交换剂	二乙基氨乙基	$-OCH_2CH_2N^+H(C_2H_5)_2$(强碱型)
	季铵基乙基	$-OCH_2CH_2N^+(C_2H_5)_2CH_2CH(OH)CH_5$(强碱型)
	季铵基	$-OCH_2N^+(CH_5)_3$(强碱型)
	三乙基氨乙基	$-OCH_2CH_2N^+H(C_2H_5)_3$(强碱型)
	氨乙基	$-OCH_2CH_2NH_3^+$(强碱型)
阳离子交换剂	羧甲基	$-OCH_2COO^-$(弱酸型)
	磺丙基	$-OCH_2CH_2CH_2S_3O^-$(强酸型)
	磺甲基	$-OCH_2S_3O^-$(强酸型)
	磷酸基	$-O_3PH_2^-$(中强酸型)

7.3.3　离子交换层析的基本操作

1) 层析柱

离子交换层析要根据分离的样品量选择合适的层析柱,离子交换用的层析柱一般粗而短,不宜过长。直径与柱长比一般为(1:10)~(1:50),层析柱安装要垂直,装柱要均匀平整。

2) 平衡缓冲液

离子交换层析的基本反应过程是离子交换剂平衡离子与待分离物质、缓冲液中离子间的交换,所以在离子交换层析中平衡缓冲液和洗脱缓冲液的离子强度和 pH 的选择对分离效果有很大的影响。

平衡缓冲液是指装柱及上样后用于平衡离子交换柱的缓冲液。平衡缓冲液要使各个待分离的物质与离子交换剂有适当的结合,并尽量使待分离组分与离子交换剂的结合有较大的差别。一般是使待分离样品与离子交换剂有较稳定的结合,而使杂质不与离子交换剂结合或结合不稳定。一般情况下,可以使杂质与离子交换剂牢固地结合,而样品与离子交换剂结合不稳,从而达到分离的目的。选择合适的平衡缓冲液,直接可以去除大量的杂质,并使后面的洗脱有良好的效果。

3) 上样

离子交换层析上样时应注意样品液的离子强度和 pH,上样量不宜过大,一般为柱床体积的 1%~5% 为宜,以使样品能吸附在层析柱的上层,得到良好的分离效果。

4) 洗脱缓冲液

离子交换层析中一般选择梯度洗脱,通常有改变离子强度和改变 pH 两种方式。改变离子强度是在洗脱过程中逐步增大离子强度,从而使与离子交换剂结合的各个组分被洗脱下来。对于阳离子交换剂,一般是 pH 从低到高洗脱,阴离子交换剂则是 pH 从高到低洗脱。由于 pH 可能对蛋白质的稳定性有一定的影响,故改变离子强度的梯度洗脱更为常用。

洗脱液的流速也会影响离子交换层析的分离效果,洗脱速度应保持恒定。一般来说,洗脱速度慢比速度快的分辨率要好,但洗脱速度过慢会造成分离时间长、样品扩散、色谱峰变宽等副作用,所以应根据实际情况选择合适的洗脱速度。

5) 样品的浓缩、脱盐

离子交换层析得到的样品往往盐浓度较高、体积较大而浓度低,所以一般离子交换层析得到的样品要进行浓缩、脱盐处理。

7.3.4　离子交换层析的应用

1) 水处理

离子交换色谱是一种简单而有效的去除水中的杂质及各种离子的方法,聚苯乙烯树脂广泛应用于高纯水的制备、硬水软化以及污水处理等方面。纯水的制备可以用蒸馏的方法,但要消耗大量的能源,而且制备量小、速度慢,也得不到高纯度。用离子交换色谱方法可以大量、快速地制备高纯水,一般是将水依次通过 H 型阳离子交换剂,去除各种阳离子及与阴离子交换剂吸附的杂质,即可得到纯水;再通过弱型阳离子和阴离子交换剂进一步纯化,就可以得到纯度较高的纯水。离子交换剂使用一段时间后可以通过再生处理重复使用。

2) 分离与纯化小分子物质

离子交换色谱也广泛应用于无机离子、有机酸、核苷酸、氨基酸、抗生素等小分子物质的分离与纯化。例如对氨基酸的分析,使用强酸性阳离子聚苯乙烯树脂,将氨基酸混合液在 pH = 2~3 时上柱。这时氨基酸都结合在树脂上,再逐步提高洗脱液的离子强度和 pH 值,这样各种氨基酸将以不同的速度被洗脱下来,可以进行分离鉴定。

3) 分离与纯化大分子物质

离子交换色谱也可用于生物大分子物质的分离与纯化,例如用 DEAE-纤维素离子交换色谱法分离与纯化血清蛋白。

7.4　亲和层析技术

在生物分子中有些分子的特定结构部位能够与其他分子相互识别并结合,如酶与底物的识别结合、受体与配体的识别结合、抗体与抗原的识别结合,这种结合既是特异的,又是可逆的,改变条件可以使这种结合解除。生物分子间的这种结合能力称为亲和力。亲和层析是利用生物大分子和其配体之间的特异性生物亲和力,对样品进行分离与纯化的一种技术。

7.4.1 亲和层析的基本原理

亲和层析是以亲和层析剂为固定相,固定相由配体和固定配体的惰性载体组成,配体与待分离的生物分子之间具有特异且可逆的生物亲和力。当含有亲和生物分子的样品溶液流过固定相时,与配体具有亲和力的生物分子被吸附到色谱柱上,其他物质随溶液流出,从而达到与杂质分离的目的,最后在一定的洗脱条件下,将吸附的生物分子洗脱下来。分离原理如图7.4所示。

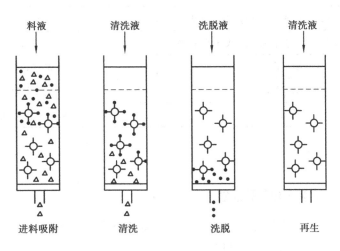

图 7.4 亲和层析原理示意图

亲和层析中生物分子与配体之间的特异结合类型主要有酶与底物、酶与辅酶、酶与激活剂或抑制剂;抗体与抗原;病毒或细胞、激素、维生素等与其受体或转运蛋白;凝集素与对应的糖蛋白、多糖、细胞等;核酸与其互补链或一段互补碱基序列等。不同生物分子之间结合的特异性存在高低差异,但它们之间能够可逆地结合与解离,以此进行蛋白质、多糖、核酸或细胞的分离与纯化。

7.4.2 亲和层析介质

亲和层析剂由配体和载体两部分组成,配体通过一定的化学反应固定在载体上。

载体应满足的条件有:高度亲水,又要不溶于水;与待分离样品尽可能少地产生非特异性吸附作用;机械强度好,具有一定的刚性;具有很高的比表面积,是多孔性材料,且颗粒及孔径大小均匀等。目前,最常用的亲和层析载体为4%交联琼脂糖,此外还有纤维素、交联葡聚糖、聚丙烯酰胺、多孔硅胶、多孔玻璃以及聚丙烯酰胺和琼脂糖的混合物等。

选择好合适的配体和载体后,要制备有效的固相亲和吸附剂,将特定的配体和固相载体经连接臂连接而成。当配体的分子质量较小时,将其固定在载体上,会由于载体的空间位阻,配体与生物大分子不能发生有效的亲和吸附作用,如果在配体与载体之间引入适当长度的连接臂,可以增大配体与载体之间的距离,使其与生物大分子发生有效的亲和结合。常用的亲和作用体系如表7.7所示。

表7.7 常用配体一览表

待纯化的生物分子	配 体
特定抗体	对应抗原
抗体免疫球蛋白	蛋白质 A/蛋白质 G
特定抗原	对应单克隆或多克隆抗体
酶	对应底物、辅酶、抑制剂
受体、结合蛋白	对应信号分子、效应物
脱氢酶、激酶、干扰素、聚合酶、限制酶等	染料配体
凝集因子、酯酶、某些蛋白酶、DNA 聚合酶等	肝素
糖蛋白	凝集素、苯基硼酸盐
凝集素、糖苷酶	对应糖
核酸	核酸结合蛋白、互补链

7.4.3 亲和层析的操作流程

亲和层析剂的操作过程和凝胶过滤层析剂离子交换层析相似,其分离过程包括装柱、平衡、制备粗样、加样、洗去杂蛋白、洗脱和再生。

1) 色谱柱的制备

亲和色谱柱的制备包括3步,即载体的选择、配体的选择和载体的活化与偶联。亲和层析的关键在于配体的选择上,一个理想的配体应具备:

①只识别被纯化的目标物,而不发生与其他杂质交叉结合的反应。

②配体应有足够大的亲和力,且配体与相应目标物之间的结合应具有可逆性。

③某些配体键合反应的条件可能比较强烈,要求配体具有足够的稳定性,能够耐受反应条件以及清洗和再生等条件。

这样配体既可以专一性地结合目标物,且在色谱的初始阶段抵抗吸附缓冲液的流洗而不脱落,又可在随后的洗脱中不会因为结合太牢固而无法解吸。

2) 上样

亲和层析纯化生物大分子通常采用柱层析的方法,亲和层析柱一般很短,通常 10 cm 左右。上样时,应注意选择适当的条件,包括上样的流速、缓冲液种类、pH、离子强度、温度等,以使待分离的物质能够充分结合在亲和吸附剂上。

上样后,用平衡洗脱液洗去未吸附在亲和吸附剂上的杂质。平衡缓冲液的流速可以快一些,但如果待分离物质与配体结合较弱,平衡缓冲液的流速还是以较慢为宜。如果存在较强的非特异性吸附,可以用适当较高离子强度的平衡缓冲液进行洗涤,但应注意平衡缓冲液不应对待分离物质与配体的结合有明显影响,以免将待分离物质同时洗下。

3)洗脱

亲和层析的另一重要的步骤就是要选择合适的条件,使分离物质与配体分开而被洗脱出来,亲和层析的洗脱方法可以分为两种,即特异性洗脱和非特异性洗脱。

(1)特异性洗脱

特异性洗脱是指利用洗脱液中的物质与待分离物质或与配体的亲和性,从而将待分离物质从亲和吸附剂上洗脱下来。

特异性洗脱也可以分为两种:一种是选择与配体有亲和力的物质进行洗脱;另一种是选择与待分离物质加入洗脱液中。前者在洗脱时,选择一种和配体亲和力较强的物质加入洗脱液中,这种物质与待分离物质竞争与配体的结合,在适当的条件下,如果这种物质与配体的亲和力强或浓度较大,配体会基本被这种物质占据,原来与配体结合的待分离物质被取代而脱离配体,从而被洗脱下来。后者在洗脱时,选择一种与待分离物质有较强亲和力的物质加入洗脱液中,这种物质与配体竞争对待分离物质的结合,在适当的条件下,如果这种物质与待分离物质的亲和力强或浓度较大,待分离物质就会基本被这种物质结合而脱离配体,从而被洗脱下来。

(2)非特异性洗脱

非特异性洗脱是指通过改变洗脱缓冲液 pH、离子强度、温度等条件,降低待分离物质与配体的亲和力,从而将待分离物质洗脱下来。

当待分离物质与配体亲和力较小时,一般通过连续大体积平衡缓冲液冲洗,就可以在杂质之后将待分离物质洗脱下来,这种洗脱方式简单、条件温和,不会影响待分离物质的活性,但洗脱体积一般比较大,得到的待分离物质浓度较低。当待分离物质和配体结合较强时,可以通过选择适当的 pH、离子强度等条件,降低待分离物质与配体的亲和力,可以选择梯度洗脱方式,这样可将亲和力不同的物质分开。

7.4.4　亲和层析的应用

1)抗体与抗原的纯化

抗体与抗原的结合具有高度专一性,Sepharose 是这一类亲和色谱较好的载体。例如,金黄色葡萄球菌蛋白 A 能够与免疫球蛋白 G 结合,可用此法分离各种免疫球蛋白 G。由于抗原—抗体复合物的解离常数很低,因此抗原在固定化抗体上被吸附后,要尽快将它洗出,洗脱液通常控制 pH 值在 3 以下。

2)核酸及多种酶的纯化

DNA 和 RNA 之间具有专一性的亲和力,所以亲和色谱可应用于核酸的分离与纯化。例如,从大肠杆菌的 RNA 混合物中分离出专一于噬菌体 T_4 的 RNA;根据核酸与蛋白质之间交互作用的原理,可将单股 DNA 连接在 Sepharose 上,纯化 DNA 聚合酶或 RNA 聚合酶。

3)激素和受体蛋白的纯化

激素的受体是细胞膜上与特定激素结合的成分,属于膜蛋白,利用去污剂溶解后的膜蛋白具有相似的物理性质,难以用通常的色谱技术分离。但去污剂溶解通常不影响受体蛋白与其对应激素的结合,所以利用激素和受体蛋白间的高亲和力,进行亲和色谱分析是分离受体蛋白的重要方法,如乙酰胆碱、肾上腺素、生长激素、吗啡、胰岛素等多种激素受体。

4)用于各种生化成分的分析检测

亲和色谱技术在生化物质的分析检测上也已广泛使用。例如,利用亲和色谱可以检测羊抗 DNP(二硝基苯酚)抗体;又如,用单克隆免疫亲和色谱法测定小麦中 DON 毒素(呕吐毒素)等。

·本章小结·

层析技术又称色谱技术,常见的层析技术有凝胶层析、离子交换层析、亲和层析、吸附层析、疏水层析等。

凝胶层析又称分子筛层析、凝胶排阻层析、凝胶过滤等,是根据分子大小进行分离的方法。它是以多孔性凝胶填料为固定相,按照分子大小顺序分离样品中各个组分的一种分离与纯化方法。

离子交换层析是利用离子吸附剂为固定相,根据荷电溶质与离子交换剂之间静电引力差异,使荷电溶质相互分离开来的一种技术。

亲和层析是利用生物大分子和其配体之间的特异性生物亲和力,对样品进行分离纯化的一种方法。

 **复习思考题**

一、名词解释

1.凝胶层析

2.离子交换层析

3.亲和层析

二、简答题

1.层析技术有哪些类型?

2.请简述凝胶色谱的原理。

3.说明柱色谱的一般操作过程。

4.简述离子色谱的分离原理,并说明生产无盐水的原理及基本操作。

5.比较分析影响层析效果的各种因素及解决方案。

6.举例说明凝胶色谱的应用。

第8章 膜分离技术

📖【学习目标】

➢了解膜的分类、膜分离的类型及膜组件的基本结构。

➢掌握超滤过程中主要的影响因素。

➢熟悉透析的基本原理和操作。

📖【能力目标】

➢能熟练应用超滤膜分离料液中不同分子量的物质。

➢能利用透析袋对样品进行脱盐处理。

➢能对膜进行常规处理及维护。

膜分离是一门新兴的跨学科的高新技术。利用天然或人工合成的、具有选择透过能力的薄膜,以外界能量或化学位差为推动力,实现对双组分或多组分体系进行分离、分级、提纯或富集的方法统称膜分离。如图 8.1 所示,膜分离并不能完全把溶质与溶剂分开,只能把原液分成浓度较低与浓度较高的两部分。

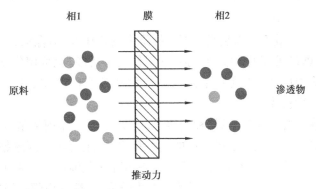

图 8.1　膜分离过程示意图

膜的材料涉及无机化学和高分子化学;膜的制备、分离过程的特征、传递性质和传递机理属于物理化学和数学研究范畴;膜分离过程中涉及的流体力学、传热、传质、化工动力学以及工艺过程的设计,主要属于化学工程研究范畴。由于膜分离过程具有无相变化、节能、体积小、可拆分等特点,与传统过滤方法相比,膜分离方法可以在分子范围内进行,并且该过程是一种物理过程,不需发生相的变化和添加助滤剂,使得膜可广泛应用于生物化工、医药、食品、环保等相关领域。

8.1 膜的分类与性能

8.1.1 膜的概述

膜是指在一种流体相内或是在两种流体相之间有一层薄的凝聚相,它把流体相分隔为互不相通的两部分,并能使这两部分之间产生传质作用。

膜很薄,厚度仅有 0.5~1.5 μm,为了增加其强度,常与另一层较厚的多孔性支撑层相复合,总厚度可达 0.125~0.25 mm,而长度和宽度要以米来计量。目前,大规模工业应用的多为固相聚合物膜。

1)膜的基本要求

对于不同种类的膜有以下基本要求:

①耐压。膜孔径小,要保持高通量就必须要施加较高的压力,一般膜操作的压力范围在 0.1~0.5 MPa;反渗透膜的压力更高,为 1~10 MPa。

②耐高温。能够适应高通量带来的温度升高和满足清洗时的需要。

③耐酸碱。防止在分离过程中以及清洗过程中的水解。

④化学相容性。能够保持膜的稳定性。

⑤生物相容性。防止生物大分子的变性。

2)膜的分类

膜的种类和功能繁多,难以用一种方法来明确分类,比较通用的分类方法如下:

(1)按膜的来源分类

可分为天然膜、合成膜。天然膜主要是纤维素的衍生物,有醋酸纤维、硝酸纤维和再生纤维素等。其中,醋酸纤维膜的截盐能力强,常用作反渗透膜,也可用作微滤膜和超滤膜。醋酸纤维膜使用的最高温度和 pH 范围有限,一般使用温度低于 50 ℃,pH 在 3~8。再生纤维素可用于制造透析膜和微滤膜。

大部分市售膜为合成高分子膜,种类很多,主要有聚砜、聚丙烯腈、聚酰亚胺、聚酰胺、聚烯类和含氟聚合物等。其中聚砜是最常用的膜材料之一,主要用于制造超滤膜。聚砜膜的特点是耐高温(一般为 80 ℃,有些可高达 125 ℃),适用 pH 范围广(pH 在 1~13),耐氯能力强,可调节孔径范围宽(1~20 nm)。但聚砜膜耐压能力较低,一般平板膜的操作压力极限为 0.5~1.0 MPa。聚酰胺膜的耐压能力较强,对温度和 pH 都有很好的稳定性,使用寿命较长,常用于反渗透。

(2)按膜的材料分类

可分为无机膜和有机膜。无机膜主要是微滤级别的膜,有陶瓷、微孔玻璃、不锈钢和碳素等。目前,实用化的无机膜主要有孔径 0.1 μm 以上的微滤膜和截留相对分子质量 10 kD 以上的超滤膜,其中以陶瓷材料的微滤膜最为常用。多孔陶瓷膜主要利用氧化铝、硅胶、氧化锆和钛等陶瓷微粒烧结而成,膜厚方向不对称。无机膜的特点是机械强度高,耐高温、耐化学试剂和耐有机溶剂;缺点是不易加工,造价较高。

另一类无机微滤膜为动态膜,是将含水金属氧化物(如氧化锆)等胶体微粒或聚丙烯酸等沉积在陶瓷管等多孔介质表面形成的膜,其中沉积层起筛分作用。动态膜的特点是透过通量大,通过改变 pH 值容易形成或除去沉积层,因此清洗比较容易;缺点是稳定性较差。

有机膜是由高分子材料做成的,如醋酸纤维素、芳香族聚酰胺、聚醚砜、聚氟聚合物等。

（3）按膜的孔径大小（或称为截留分子量）分类

如图 8.2 所示,可将膜分为微滤膜、超滤膜、纳滤膜和反渗透膜等。

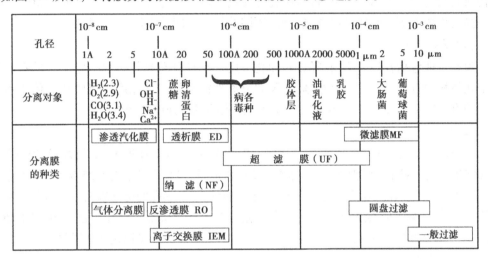

图 8.2　按孔径分类的分离膜

（4）按膜的作用机理分类

可分为吸附性膜、扩散性膜、离子交换膜、选择性渗透膜和非选择性膜。

（5）按膜断面的物理形态分类

可分为对称膜、不对称膜和复合膜。对称膜,又称各向同性膜,指各向均质的致密或多孔膜,物质在膜中各处的渗透速率相同。非对称膜,又称各向异性膜,是由一个极薄的致密皮层（决定分离效果和传递速率）和一个多孔支撑层（主要起支撑作用）组成。复合膜实际上也是一种具有表皮层的非对称性膜,但表皮层材料与用作支撑层的对称或非对称性膜的材料不同。

3) 常见膜的制备方法

（1）高分子膜的制备

用物理化学方法或将两种方法结合,可制作具有良好分离性能的高分子膜。最实用的方法是相转化法和复合膜法。

相转化法是指用溶剂、溶胀剂与高分子膜材料制成铸膜液,刮制成膜后,通过 L-S 法、热凝胶法、溶剂蒸发法、水蒸气吸入法等使均相的高分子溶液沉淀转化为两相,一相为固相,一相为液相。一般,沉淀速度越快,形成的孔就越小;反之,沉淀速度越慢,形成的孔就越大。由于膜表面溶液沉淀速度较膜内部快,于是可得到较致密的表皮层和较疏松的支撑层,成为非对称膜。因制膜过程中发生着从液相转化为固相的过程,故称为转化法。

其他制备高分子膜的方法包括定向拉伸法、核径迹法、熔融挤压法、溶出法等。

复合膜常用的制备方法有溶液浸涂或喷涂、界面聚合、原位聚合、等离子聚合、水面展开法等。

（2）无机膜的制备

主要有烧结法、溶胶-凝胶法、化学提取法、高温分解法和一些专门方法（化学气相沉淀法，电化学沉积法等）。

4）膜的性能

膜的性能通常是指膜的分离透过特性和物理化学稳定性。膜的物理化学稳定性主要取决于构成膜的高分子材料，主要参数有膜允许使用的最高压力、温度范围、适用的 pH 范围、游离氯最高允许浓度等。膜的分离透过特性，不同的膜有不同的表示方法，主要参数如下：

（1）膜孔特征

膜孔特征包括孔径大小、孔径分布和孔隙度。孔径分布是指膜中一定大小的孔的体积占整个孔体积的百分数。孔径分布越窄，膜的分离性能越好。孔隙度是指膜孔的体积占整个膜体积的百分数。孔隙度越大，流动阻力越小，但膜的机械强度将降低。

（2）膜通量

膜通量是指在一定操作条件下（一般压力为 0.1 MPa，温度为 20 ℃），单位时间通过单位面积膜的体积流量。对于水溶液体系，又称透水率或水通量，多采用纯水在 0.35 MPa、25 ℃条件下进行试验而得到的。在实际膜分离操作中，由于溶质的吸附、膜孔的堵塞以及浓差极化或凝胶极化现象的产生，都会造成透过的附加阻力，使透过通量大幅度降低。膜孔径越大，通量下降速度越快，大孔径微滤膜的稳定通量比小孔径膜小，有时甚至微滤膜通量比超滤膜还要小。

（3）截留率和截留分子量

截留率是指对于一定相对分子质量的物质，膜能截留的程度。100% 截留率表示溶质全部被膜截留，此为理想的半渗透膜；0 截留率则表示溶质全部透过膜，无分离作用，通常截留率在 0%~100%。截留分子量为相当于一定截留率（90% 或 95%）时溶质的分子量，用以估算膜孔径的大小。

8.1.2 膜分离过程的类型

膜分离过程一般根据膜分离的推动力和传递机理进行分类。常见的膜分离过程的基本原理、流程及在工业生产中的典型应用如表 8.1 所示。

表 8.1 工业生产中常用的膜分离过程

种 类	膜的功能	分离驱动力	透过物质	被截流物质
微滤	多孔膜、溶液的微滤、脱微粒子	压力差	水、溶剂和溶解物	悬浮物、细菌类、微粒子、大分子有机物
超滤	脱除溶液中的胶体、各类大分子	压力差	溶剂、离子和小分子	蛋白质、各类酶、细菌、病毒、胶体、微粒子
反渗透和纳滤	脱除溶液中的盐类及低分子物质	压力差	水和溶剂	无机盐、糖类、氨基酸、有机物等

续表

种 类	膜的功能	分离驱动力	透过物质	被截流物质
透析	脱除溶液中的盐类及低分子物质	浓度差	离子、低分子物、酸、碱	无机盐、糖类、氨基酸、有机物等
电渗析	脱除溶液中的离子	电位差	离子	无机、有机离子

8.1.3 膜组件

膜组件是膜分离装置的核心,是一种将膜以某种形式组装在一个基本单元设备内,在外界驱动力的作用下,实现对混合物中各组分分离的器件。它是由过滤膜、支撑材料、间隔器及外壳等部分组装而成的。

膜材料种类很多,但膜分离设备仅有几种。目前,工业上常用的膜组件形式主要有板框式、管式、螺旋卷式、中空纤维式4种类型,其结构示意图分别如图8.3所示。各种膜组件根据膜结构可划分为平板构型和管式构型两种形式,板框式和卷式膜组件均使用平板膜,而管状、毛细管和中空纤维膜组件均使用管式膜。

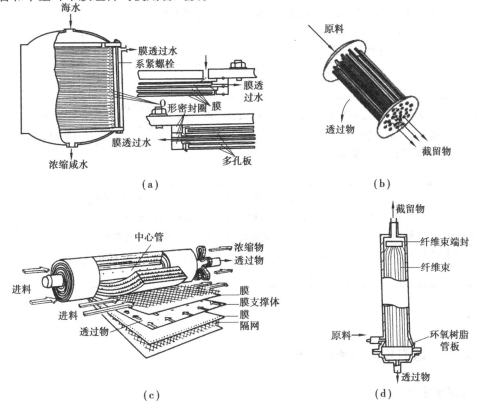

图 8.3 膜组件示意图

(a)板框式膜组件示意图;(b)管式膜组件示意图;

(c)螺旋卷式膜组件示意图;(d)中空纤维式膜组件示意图

不论采用何种形式的膜分离装置,都必须对料液进行预处理,除去其中的颗粒悬浮物、胶体和某些不纯物,必要时还应包括调节 pH 值和温度,这对延长膜的使用寿命和防止膜孔堵塞非常重要。上述 4 种膜组件的性能比较如表 8.2 所示。

表 8.2 各种膜组件结构特点比较

类型	结构	优点	缺点	应用领域
管式	与列管式换热器结构类似,分内压型和外压型两种。内压型有单管式和管束式两种,外压型需耐高压的外壳,应用较少	易清洗,单根管子容易调换,无机组件可在高温下可用有机溶剂进行操作,并可用化学试剂来消毒	保留体积大,单位体积中所含过滤面积较小,压力降大。装置体积大,而且两端要较多的联结装置	微滤(MF)、超滤(UF)、纳滤(NF)和单级反渗透(RO)
中空纤维式	将膜材料制成外径为 80~400 μm、内径为 40~100 μm 的空心管,即为中空纤维膜。将大量的中空纤维一端封死,另一端用环氧树脂浇注成管板,装在圆筒形压力容器中,就构成了中空纤维膜组件。操作方式分为内压式和外压式,水处理采用外压式	保留体积小,单位体积中所含过滤面积大,可以逆流操作,压力较低。制造和安装简单,不需要支撑物,设备投资低	对料液的预处理要求高,液体在管内流动时阻力很大,易阻塞,清洗困难。单根纤维损坏时,需调换整个组件	反渗透(RO)、纳滤(NF)、超滤(UF)
螺旋卷式	两层膜三边封口,构成信封状膜袋,膜袋内填充多孔支撑层,一层膜袋衬一层隔网,从膜袋开口端开始绕多孔中心管卷绕而成	结构紧凑,单位体积膜面积很大,透水量大,设备费用低,换新膜容易	料液需经预处理,压力降大,易污染,难清洗,液流不易控制	超滤(UF)、反渗透(RO)、纳滤(NF)
板框式	与板框式压滤机类似,由导流板、膜和多孔支撑板交替重叠组成	保留体积小,压力降小,液流稳定,比较成熟。构造简单,清洗更换容易,不易堵塞	结构不紧凑,单位体积膜表面积小。对膜的机械强度要求较高,死体积较大,对密封要求高	超滤(UF)、反渗透(RO)、电渗析(ED)

8.1.4 浓差极化与消除措施

1)浓差极化

在膜分离操作中,所有溶质均被透过液传送到膜表面上,不能完全透过膜的溶质受到膜的截留作用,在膜表面附近浓度升高。这种在膜表面附近浓度高于主体浓度的现象称为浓差极化。

2) 浓差极化的危害

浓差极化使膜表面溶质浓度增高,引起渗透压的增大,从而减小传质驱动力;当膜表面溶质浓度达到其饱和浓度时,便会在膜表面形成沉积层或凝胶层,从而改变膜的分离特性,增加透过阻力;当有机溶质在膜表面达到一定浓度时,有可能使膜发生溶胀或恶化膜的性能;严重的浓差极化会导致结晶析出,阻塞流道,运行恶化。

3) 消除措施

为了消除浓差极化的危害,在实际操作中常用以下方法:选择合适的膜组件结构;改善流动状态,如加入紊流器、料液脉冲流动、螺旋流等;提高流速,提高传质系数;适当提高进料液温度以降低黏度,增大传质系数;选择适当的操作压力,避免增加沉积层的厚度;采用错流操作方式;定期对膜进行反冲和清洗。

膜清洗方法通常可分为物理方法与化学方法。物理方法是指用海绵球机械擦洗或利用供给液本身间歇地冲洗膜件内部,并利用其产生的剪切力来洗涤膜面附着层。通过物理清洗,一般能有效地清除因颗粒沉积造成的膜孔堵塞。化学方法是选用一定的化学清洗剂,如稀碱、稀酸、酶、表面活性剂、络合剂和氧化剂等对膜组件进行浸泡,并应用物理清洗的方法循环清洗,达到清除膜上污染物的目的。对于不同种类膜,选择化学清洗剂时要慎重,以防止化学清洗剂对膜的损害。

8.2　超滤技术

超滤是一种介于微滤与纳滤之间的膜分离技术,且三者之间无明显的分界线。一般来说,超滤膜的孔径在 1~20 nm,操作压力为 0.1~0.5 MPa。主要用于截留去除水中的悬浮物、胶体、微粒、细菌和病毒等大分子物质以及样品的浓缩。

8.2.1　超滤技术的原理

超滤的原理是指由膜表面机械筛分、膜孔阻滞和膜表面及膜孔吸附的综合效应,以筛滤为主。超滤膜筛分过程,以膜两侧的压力差为驱动力,以超滤膜为过滤介质,在一定的压力下,当原液流过膜表面时,超滤膜表面密布的许多细小的微孔只允许水及小分子物质通过而成为透过液,而原液中体积大于膜表面微孔径的物质则被截留在膜的进液侧,成为浓缩液,因而实现对原液的净化、分离和浓缩的目的。

在膜分离操作中,所有溶质均被透过液传送到膜表面上,不能完全透过膜的溶质受到膜的截留作用,在膜表面附近浓度升高。这种在膜表面附近浓度高于主体浓度的现象称为浓度极化或浓差极化。膜表面附近浓度升高,增大了膜两侧的渗透压差,使有效压差减小,透过通量降低。当膜表面附近的浓度超过溶质的溶解度时,溶质会析出,形成凝胶层。当分离含有菌体、细胞或其他固形成分的料液时,也会在膜表面形成凝胶层。这种现象称为凝胶极化。

1)超滤膜截留作用

超滤膜的分子截留作用,截留率表示膜对溶质的截留能力,可用小数或百分数表示。

$$R_0 = 1 - \frac{c_p}{c_m} \tag{8.1}$$

式中　R_0——截留率,%;

　　　c_m——膜表面的极化浓度,mol/L;

　　　c_p——透过液中溶质浓度,mol/L。

通过测定超滤前后保留液浓度和体积,可计算截留率为:

$$R = \frac{\ln(c/c_0)}{\ln(V_0/V)} \tag{8.2}$$

式中　c_0——溶质初始浓度,mol/L;

　　　c——溶质超滤后的浓度,mol/L;

　　　V_0——料液初始体积,mL;

　　　V——料液超滤后的体积,mL。

通过测定相对分子质量不同的球形蛋白质或水溶性聚合物的截留率,可获得膜的截留率与溶质相对分子质量之间关系的曲线,即截留曲线。一般来说,将在截留曲线上截留率为90%的溶质相对分子质量定义为膜的截留相对分子质量(MWCO)。

MWCO 只是表征膜特性的一个参数,不能作为选择膜的唯一标准。膜的优劣应从多方面(如孔径分布、透过通量、耐污染能力等)加以分析和判断。

2)影响截留率(表观截留率)的因素

(1)相对分子质量

在选择超滤膜孔径大小时,通常以样品分子的 1/5 作为标准,也就是说样品分子应大于膜孔径大小的 5 倍为宜。

(2)分子特性

相对分子质量相同时,呈线状的分子截留率较低,有支链的分子截留率较高,球形分子的截留率最大。对于荷电膜,具有与膜相反电荷的分子截留率较低,反之则较高。若膜对溶质具有吸附作用时,溶质的截留率增大。

(3)其他高分子溶质的影响

当两种以上的高分子溶质共存时,其中某一溶质的截留率要高于其单独存在的情况。这主要是由于浓度极化现象使膜表面的浓度高于主体浓度。

(4)操作条件

温度升高,黏度下降,则截留率降低。膜面流速增大,则浓度极化现象减轻,截留率减小。此外,当料液的 pH 值等于某蛋白质的等电点时,由于蛋白质的净电荷数为零,蛋白质间的静电斥力最小,使该蛋白质在膜表面形成的凝胶极化层浓度最大,即透过阻力最大。此时,溶质的截留率高于其他 pH 下的截留率。

8.2.2　超滤系统组成

超滤系统主要由超滤膜与超滤装置两部分组成。从化学结构上区分,常用的超滤膜有醋酸纤维素膜、聚砜膜、聚酰胺膜。超滤装置主要包括夹持器、蠕动泵、管件、阀门、压力表等部件,如图 8.4 所示。

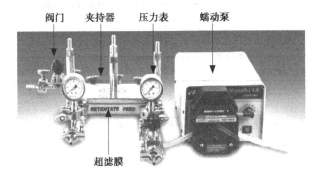

图 8.4　超滤系统

8.2.3　超滤技术特点及应用

超滤膜的最小截留分子量为 500 道尔顿,可用来分离蛋白质、酶、核酸、多糖、抗生素、病毒等。超滤的优点是没有相转移,无需添加任何强烈化学物质,可以在低温下操作,过滤速率较快,便于做无菌处理等。所有这些都能使分离操作简化,避免了生物活性物质的活力损失和变性。

由于超滤技术有以上诸多优点,故常被用作大分子物质的脱盐和浓缩;大分子物质溶剂系统的交换平衡;大分子物质的分级分离;生化制剂或其他制剂的去热原处理。

超滤技术已成为制药工业、食品工业、电子工业以及环境保护诸领域中不可或缺的有力工具。

8.3　透析技术

透析是以膜两侧的浓度差为传质推动力,从溶液中分离出小分子物质的过程。自 1861 年发明透析方法至今,已有 150 多年的历史。透析技术可用于生物大分子溶液的脱盐处理。

8.3.1　透析原理

透析的动力是扩散压,扩散压是由横跨膜两边的浓度梯度形成的。如图 8.5 所示,透析时,小于截留分子量(MWCO)的分子在透析膜两边溶液浓度差产生的扩散压作用下渗过透析膜,高分子溶液中的小分子溶质(如无机盐)透向水侧,水则向高分子溶液一侧透过。如果经常更换蒸馏水,则可将蛋白质溶液中的盐类分子全部除去,这就是半透膜的除盐透析原理。假若膜外不是蒸馏水而是缓冲液,可以经过膜内外离子的相互扩散,改变蛋白质溶液中的无机盐成分,这就是半透膜的平衡透析原理。在离子交换色谱前,经常进行平衡透析处理。

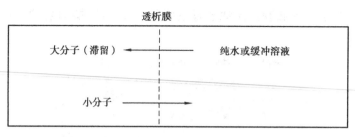

图 8.5　透析原理图

透析速度与浓度梯度、膜面积及温度成正比。常用温度为 4 ℃,升温、更换袋外透析液或用磁力搅拌器,均能提高透析速度。

8.3.2　透析袋

透析袋的膜一般为 5~10 nm 亲水膜,如纤维素膜、聚丙烯腈膜和聚酚膜等,通常是将膜制成袋状。商品透析袋制成管状,其扁平宽度为 23~50 mm 不等。目前,常用的透析管截留分子量 MWCO 通常为 1 万道尔顿左右。

1)透析袋的处理

可先用 50% 乙醇煮沸 1 h,再依次用 50% 乙醇、0.01 mol/L 碳酸氢钠和 0.001 mol/L EDTA 溶液洗涤,最后用蒸馏水冲洗即可使用。实验证明,50% 乙醇处理对除去具有紫外吸收的杂质特别有效。也可先在大体积的 2%(W/V)碳酸氢钠和 1 mmol/L EDTA(pH=8.0)中将透析袋煮沸 10 min,用蒸馏水彻底清洗后,再放在 1 mmol/L EDTA(pH=8.0)中将之煮沸 10 min。

2)透析袋的消毒

大多数药物的生产过程需在无菌条件下进行,因此膜分离系统需进行无菌处理。有的膜(如无机膜)可以进行高温灭菌,而大多数有机高分子膜通常采用化学消毒法。常用的化学消毒剂有乙醇、甲醛、环氧乙烷等,需根据膜材料和微生物特性的要求选用和配制消毒剂,一般采用浸泡膜组件的方式进行消毒,膜在使用前需用洁净水冲洗干净。

如果膜分离操作停止时间超过 24 h 或长期不用,则应将膜组件清洗干净后,选用能长期储存的消毒剂浸泡保存。一般情况下,膜供应商根据膜的类型和分离料液的特性,提供配套的清洁剂、消毒剂和相应的工艺参数,用于指导用户科学使用和维护膜组件,防止膜受损,提高膜的使用寿命。

3)透析袋的保存

透析袋的保存对其性能极为重要,主要应防止微生物、水解、冷冻对膜的破坏和膜的收缩变形。

微生物的破坏主要发生在醋酸纤维素膜,而水解和冷冻破坏则对任何膜都可能发生。温度、pH 值不适当和水中游离氧的存在等,均会造成膜的水解。冷冻会使膜膨胀而破坏膜的结构。膜的收缩主要发生在湿态保存时的失水。收缩变形使膜孔径大幅度下降,孔径分布不均匀,严重时还会造成膜的破裂。当膜与高浓度溶液接触时,由于膜中水分急剧地向溶液中扩散而失水,也会造成膜的变形收缩。

使用后的透析袋洗净后可存于 4 ℃蒸馏水中,确保透析袋始终浸没在溶液内。若长时间不用,可加少量 NaN_2,以防长菌。从此时起取用透析袋必须戴手套。洗净晾干的透析袋弯折时易裂口,用时必须仔细检查,不漏时方可重复使用。

· 本章小结 ·

膜分离是在 20 世纪初出现的,并在 20 世纪 60 年代后迅速崛起的一门分离新技术。膜分离技术由于兼有分离、浓缩、纯化和精制的功能,又有高效、节能、环保、分子级过滤及过滤过程简单、易于控制等特征,其在实际的生产中的重要性日渐提升,已经取代了部分传统的方法。

本章按照膜分离技术原理的差异,介绍了膜的类型、常见膜结构以及相关优缺点,着重阐述了在生产中主要涉及的膜分离方法,经过本章知识的学习,要求学生掌握超滤浓缩样品、样品透析除盐的基本原理和相关操作技术。

复习思考题

一、填空题

1.膜分离过程中所使用的膜,依据其膜孔径不同可为_____、_____、_____和_____。

2.根据膜结构的不同,常用的膜可分为_____、_____和_____ 3类。

二、单项选择题

1.膜分离是利用具有一定(　　)的过滤介质进行物质的分离过程。

　　A.扩散　　　　　　B.吸附　　　　　　C.溶解　　　　　　D.选择性透过

2.超滤技术常被用作(　　)。

　　A.小分子物质的脱盐和浓缩　　　　　　B.小分子物质的分级分离

　　C.小分子物质的纯化　　　　　　　　　D.固液分离

3.微滤(MF)、超滤(UF)、纳滤(NF)和反渗透(RO)都是以压差为推动力使溶剂(水)通过膜的分离过程。一般情况下,截留分子大小的顺序是(　　)。

　　A.UF>MF>RO>NF　　　　　　　　　B.MF>UF>NF>RO

　　C.MF>NF>RO>UF　　　　　　　　　D.NF>MF>RO>UF

4.临床上治疗尿毒症采用的膜分离方法是(　　)。

　　A.电渗析　　　　B.透析　　　　　　C.渗透汽化　　　　D.反渗透

5.菌体分离可选用(　　)。

　　A.超滤　　　　　B.反渗透　　　　　C.微滤　　　　　　D.电渗析

三、简答题

1.常见膜分离过程的方式和优缺点有哪些?

2.膜分离设备的主要类型有哪几种? 各自有何优缺点?

3.透析袋的预处理及保存方法有哪些?

第9章 结晶技术

📖【学习目标】
➢掌握结晶技术的基本原理。
➢理解结晶的主要过程。
➢了解影响结晶效果的因素。

📖【能力目标】
➢掌握结晶操作分离生物样品。
➢掌握结晶条件的选择与控制。

生化产品的有效成分往往存在于复杂的混合体系中,通常含量极低。要把这些成分从复杂的体系中分离出来,同时又要防止其组成、结构的改变和生物活性的丧失,显然是有相当难度的。目前,生物分离与纯化技术的发展趋向于精细而多样化技术的综合运用,但基本原理均是以药物的性质为依据。结晶技术作为固态精细纯化的重要方法之一,具有分辨率高、操作简单、适用范围广泛等优点。只要有结晶形成,就表明有效成分已达到很高的纯度。

9.1 概　述

固体从形态上来分,有晶形和无定形两种。例如,食盐、蔗糖等都是晶体,而木炭、橡胶都为无定形物质。其区别主要在于内部结构中的质点元素(原子、分子)的排列方式互不相同。

利用许多生化药物具有形成晶体的性质进行分离纯化,是常用的一种手段。溶液中的溶质在一定条件下因分子有规则的排列而结合成晶体,晶体的化学成分均一,具有各种对称的晶状,其特征为离子和分子在空间晶格的结点上成有规则的排列。固体有结晶和无定形两种状态。两者的区别就是构成一单位(原子、离子或分子)的排列方式不同,前者有规则,后者无规则。在条件变化缓慢时,溶质分子具有足够时间进行排列,有利于结晶形成;相反,当条件变化剧烈,强迫快速析出。溶质分子来不及排列就析出,结果形成无定形沉淀。

通常只有同类分子或离子才能排列成晶体,所以结晶过程有很好的选择性,通过结晶,溶液中的大部分杂质会留在母液中,再通过过滤、洗涤等,就可得到纯度高的晶体。许多蛋白质就是利用多次结晶的方法制取高纯度产品的。

9.1.1 结晶的类型

1）不移除溶剂的结晶法（冷却结晶法）

基本上不除去溶剂，而是使溶液冷却成为过饱和溶液而结晶。适用于溶解度随温度下降而显著降低的物系和小分子物质。

2）移去部分溶剂的结晶法

这种方法可分为蒸发结晶法和真空结晶法。

蒸发结晶是将溶剂部分汽化，使溶液达到过饱和而结晶。适用于溶解度随温度变化不大的物系，或温度升高溶解度降低的物系，如氯化钠、无水硫酸钠等。

真空冷却结晶是使溶液在真空状态下绝热蒸发，一部分溶剂被除去，溶液因为溶剂汽化带走了一部分潜热而降低了温度导致结晶。适用于中等溶解度的物系，如氯化钾、硫酸镁等。

9.1.2 结晶技术的优点

与其他生物分离与纯化操作相比，结晶技术具有如下特点：

1）产物纯度高

能从杂质含量相当多的溶液或多组分的熔融混合物中形成纯净的晶体。对于许多使用其他方法难以分离的混合物系，如同分异构体混合物、共沸物系、热敏性物系等，采用结晶分离往往更为有效。

2）产物形态均一

结晶过程可赋予固体产品以特定的晶体结构和形态（如晶形、粒度分布、堆密度等）。

3）操作简便

能量消耗少，操作温度低，对设备材质要求不高，一般很少有三废排放，有利于环境保护。

4）后续处理便捷

结晶产品的包装、运输、储存或使用都很方便。

基于上述优势，结晶技术已经广泛应用在生物分离与纯化过程中，许多医药产品及中间产品都是以晶体形态出现，如氨基酸、咖啡因、青霉素、红霉素等。

9.2 结晶的过程

溶质从溶液中析出一般可分为 3 个阶段，即过饱和溶液的形成、晶核的生成和晶体的成长阶段。过饱和溶液的形成可通过减少溶剂或减小溶质的溶解度而达到，晶核的生成和晶体的成长过程都是较为复杂的过程。

对结晶操作的要求是制取纯净而又有一定粒度分布的晶体。晶体产品的粒度及其分布，主要取决于晶核生成速率（单位时间内单位体积溶液中产生的晶核数）、晶体生长速率（单位时间内晶体某线性尺寸的增加量）及晶体在结晶器中的平均停留时间。溶液的过饱和度与晶核生成速率和晶体生长速率都有关系，因而对结晶产品的粒度及其分布有重要影响。

在低过饱和度的溶液中，晶体生长速率与晶核生成速率比值较大，因而所得晶体较大，晶形也较完整，但结晶速率很慢，如图9.1所示。在工业结晶器内，过饱和度通常控制在介稳区内，此时结晶器既具有较高的生产能力，又可得到一定大小的晶体产品。

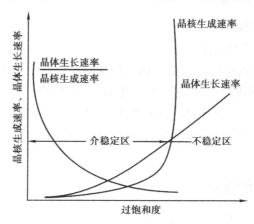

图9.1　晶核生成速率、晶体生长速率与过饱和度的关系

9.2.1　过饱和溶液的形成

溶质在溶剂中溶解形成溶液，在一定条件下，溶质在固液两相之间达到平衡状态，此时溶液中的溶质浓度称为该溶质的溶解度或饱和浓度，该溶液称为该溶质的饱和溶液。结晶过程都必须以溶液的过饱和度作为推动力，过饱和溶液的形成可通过减少溶剂或减小溶质的溶解度而达到，其大小直接影响过程的速度，而过程的速度也影响晶体产品的粒度分布和纯度。因此，过饱和度是结晶过程中一个极其重要的参数。除改变温度外，改变溶剂组成、离子强度、调节pH也是蛋白质、抗生素等生物产物结晶操作的重要手段。

1) 盐析结晶法

盐析结晶法是生物大分子如蛋白质及酶类药物制备中用得最多的结晶方法。通过向结晶溶液中引入中性盐，逐渐降低溶质的溶解度使其过饱和，经过一定时间后晶体形成并逐渐长大。例如，细胞色素C的结晶；向细胞色素C浓缩液中按每克溶液加0.43 g硫酸铵粉的比例投入，溶解后再投入少量维生素C(抗氧化作用)和36%的氨水；在10 ℃下分批加入少量硫酸铵粉末，边加边搅拌，直至溶液微浑；加盖，室温放置(15～25 ℃)1～2 d后细胞色素C的红色针状结晶体可析出；再按每毫升0.02 g的量加入硫酸铵粉，数天后结晶体可完全析出。

盐析结晶法的优点是可与冷却法结合，提高溶质从母液中的回收率；另外，结晶过程的温度可保持在较低的水平，有利于热敏性物质的结晶。

2) 温度诱导法

蛋白质、酶、抗生素等生化物质的溶解度大多数受温度影响。若先将其制成溶液，然后升高或降低温度,使溶液逐渐达到过饱和,即可慢慢析出晶体。该法基本上不除去溶剂。例如,猪胰 α-淀粉酶:室温下用 0.005 mol/L pH = 8.0 的 $CaCl_2$ 溶液溶解,然后在 4 ℃下放置,可得结晶。

热盒技术也是温度诱导法之一,它利用某些比较耐热的生化物质在较高温度下溶解度较大的性质,先将其溶解,然后置于可保温的盒内,使温度缓慢下降,以得到较大而且均匀的晶体。应用此法成功制备了胰高血糖素和胰岛素晶体。这两种蛋白质在 50 ℃低离子强度缓冲液中有较高的溶解度和稳定性。

3) 蒸发法

借蒸发除去部分溶剂,在常压或减压下加热蒸发除去一部分溶剂,以达到或维持溶液过饱和度。此法适用于溶解度随温度变化不显著的物质或随温度升高溶解度降低的物质,而且要求物质有一定的热稳定性。蒸发法多用于一些小分子化合物的结晶中,而受热易变性的蛋白质或酶类物质则不宜采用。例如,丝裂霉素从氧化铝吸附柱上洗脱下来的甲醇-三氯甲烷溶液,在真空浓缩除去大部分溶剂后即可得到丝裂霉素晶体;灰黄霉素的丙酮提取液,在真空浓缩蒸发掉大部分丙酮后即有灰黄霉素晶体析出。

4) 有机溶剂结晶法

向待结晶溶液中加入某些有机溶剂,以降低溶质的溶解度。常用的有机溶剂有乙醇、丙酮、甲醇、丁醇、异丙醇、乙腈、2,4-二甲基戊二醇(MPO)等。例如,天门冬酰胺酶的有机溶剂结晶法:将天门冬酰胺酶粗品溶解后透析去除小分子杂质,然后加入 0.6 倍体积的 MPO 去除大分子杂质,再加入 0.2 倍体积 MPO 可得天门冬酰胺酶精品;将得到的精品用缓冲液溶解后滴加 MPO 至微浑,置于 4 ℃冰箱 24 h 后可得到酶结晶。又如,利用卡那霉素易溶于水不溶于乙醇的性质,在卡那霉素脱色液中加 95%乙醇至微浑,加晶种并 30~35 ℃保温即得卡那霉素晶体。

应用有机溶剂结晶法的最大缺点是有机溶剂可能会引起蛋白质等物质变性;另外,结晶残液中的有机溶剂常需回收。

5) 透析结晶法

由于盐析结晶时溶质溶解度发生跳跃式非连续下降,下降的速度也较快。对一些结晶条件苛刻的蛋白质,最好使溶解度的变化缓慢而且连续。为达到此目的,透析法最方便。例如,胰蛋白酶的结晶:将硫酸铵盐盐析得到的沉淀溶于少量水,再加入适量含 25%硫酸铵的 0.16 mol/L pH = 6.0 的磷酸缓冲液,装入透析袋,室温下对含 27.5%硫酸铵的相同磷酸缓冲液透析;每日换外透析液 4~5 次,1~2 d 后可见菱形胰蛋白酶晶体析出。

透析法同样可以用在盐浓度缓慢降低的结晶场合。例如,将赖氨酸合成酶溶液溶于 0.2 mol/L pH = 7.0 的磷酸缓冲液中装入透析袋,对 0.1 mol/L pH = 7.0 磷酸缓冲液透析,每小时换外透析液,直至晶体出现。这种透析法又称脱盐结晶法。透析法还可用在向结晶液缓慢输入某种离子的场合。例如,牛胰蛋白酶结晶时,外透析液中需有 Mg^{2+} 存在,它是牛胰蛋白酶结晶的条件。

6) 等电点法

利用某些生化物质具有两性化合物的性质,使其在等电点(pI)时于水溶液中游离而直接结晶的方法。等电点法常与盐析法、有机溶剂沉淀法一起使用。如溶菌酶(浓度 3%~5%)调整 pH=9.5~10.0 后在搅拌下慢慢加入 5% 的氯化钠细粉,室温放置 1~2 d 即可得到正八面体结晶。又如,四环类抗生素是两性化合物,其性质和氨基酸、蛋白质很相似,等电点为 5.4。将四环素粗品溶于 pH=2.0 的水中,用氨水调 pH=4.5~4.6、28~30 ℃ 保温,即有四环素游离碱结晶析出。

7) 化学反应结晶法

调节溶液的 pH 或向溶液中加入反应剂,生成新物质,当其浓度超过它的溶解度时,就有结晶析出。例如,青霉素结晶就是利用其盐类不溶于有机溶剂,而游离酸不溶于水的特性使结晶析。在青霉素醋酸丁酯的萃取液中,加入醋酸钾-乙醇溶液,即得青霉素钾盐结晶;头孢菌素 C 的浓缩液中加入醋酸钾,即析出头孢菌素 C 钾盐;又如,利福霉素 S 的醋酸丁酯萃取浓缩液中,加入氢氧化钠,利福霉素 S 即转为其钠盐而析出结晶。

8) 其他结晶法

除以上介绍的结晶法,近年来新的结晶技术也不断出现,例如,熔融结晶法是利用待分离组分间的凝固点的不同而实现组分分离的过程,多用于有机物的分离提纯;而冶金材料精制或高分子材料加工时的熔炼过程也属于熔融结晶;升华结晶法是液态直接从固态变成气态的过程,升华后的物质冷凝便获得了结晶产品。

9.2.2　晶核的生成

溶质在溶液中成核现象即生成晶核,在结晶过程中占有重要的地位。晶核的产生根据成核机理不同分为初级成核和二次成核。

1) 初级成核

过饱和溶液中的自发成核现象,即在没有晶体存在的条件下自发产生晶核的过程。初级成核根据饱和溶液中有、无其他微粒诱导而分为非均相成核、均相成核。溶质单元(分子、原子、离子)在溶液中作快速运动,可统称为运动单元,结合在一起的运动单元称结合体。结合体逐渐增大,当增大到某种极限时,结合体可称之为晶坯。晶坯长大成为晶核。

实际上溶液中常常难以避免有外来固体物质颗粒,如大气中的灰尘或其他人为引入的固体粒子,这种存在其他颗粒的过饱和溶液中自发产生晶核的过程,称为非均相初级成核。非均相成核可以在比均相成核更低的过饱和度下发生。在工业结晶器中发生均相初级成核的机会比较少。

2) 二次成核

如果向过饱和溶液中加入晶种,就会产生新的晶核,这种成核现象称为二次成核。工业结晶操作一般在晶种的存在下进行,因此,工业结晶的成核现象通常为二次成核。二次成核的机理,一般认为有剪应力成核和接触成核两种。剪应力成核是指当过饱和溶液以较大的流速流过正在生长中的晶体表面时,在流体边界层存在的剪应力能将一些附着于晶体之上的粒子扫落,从而成为新的晶核。接触成核是指晶体与其他固体物接触时所产生的晶体表面的碎粒。

在工业结晶器中,一般接触成核的概率往往大于剪应力成核。例如,用水与冰晶在连续混合搅拌结晶器中的试验表明,晶体与搅拌桨的接触成核速率在总成核速率中约占 40%,晶体与器壁或挡板的约占 15%,晶体与晶体的约占 20%,剩下的 25% 可归因于流体剪切力等作用。

工业结晶中有以下几种不同的起晶方法：

(1)自然起晶法

先使溶液进入不稳区形成晶核，当生成晶核的数量符合要求时，再加入稀溶液使溶液浓度降低至亚稳区，使之不生成新的晶核，溶质即在晶核的表面长大。这是一种古老的起晶方法，因为它要求过饱和浓度较高，晶核不易控制，现已很少采用。

(2)刺激起晶法

先使溶液进入亚稳区后，将其加以冷却，进入不稳区，此时即有一定量的晶核形成，由于晶核析出使溶液浓度降低，随即将其控制在亚稳区的养晶区使晶体生长。味精和柠檬酸结晶都可采用先在蒸发器中浓缩至一定浓度后，再放入冷却器中搅拌结晶的方法。

(3)晶种起晶法

先使溶液进入到亚稳区的较低浓度，投入一定量和一定大小的晶种，使溶液中的过饱和溶质在所加的晶种表面上长大。晶种起晶法是普遍采用的方法，如掌握得当可获得均匀整齐的晶体。加入的晶种不一定是同一种物质，溶质的同系物、衍生物、同分异构体也可作为晶种加入，如乙基苯胺可用于甲基苯胺的起晶。对纯度要求较高的产品，必须使用同种物质起晶。晶种直径通常小于0.1 mm，可用湿式球磨机置于惰性介质(如汽油、乙醇)中制得。

3)注意事项

作为结晶的设计或操作人员，应注意以下几点：

(1)控制成核速度

尽可能避免自发成核过速，以防止晶核"泛滥"无法长大。

(2)控制机械磨损

尽可能防止使用机械冲击，研磨严重的循环泵，最好使用螺旋桨叶轮的循环装置，外循环泵使用轴流泵或混流泵，忌用高转速离心泵；尽可能使结晶器的内壁、循环管内壁表面光洁，无焊缝、无刺和粗糙面。

(3)去除料液杂质

加料溶液中悬浮的杂质微粒要在预处理时去除，以防外界微粒过多。

9.2.3 晶体的成长

在过饱和溶液中，形成晶核或加入晶种后，在结晶推动力(过饱和度)的作用下，晶核或晶种将逐渐长大。与工业结晶过程有关的晶体生长理论及模型很多，传统的有扩散理论、吸附层理论，近年来提出的有形态学理论、统计学表面模型、二维成核模型等，这里仅介绍得到普遍应用的扩散学说。

1)晶体生长的扩散学说

按照扩散学说，晶体生长过程由3个步骤组成：

(1)分子扩散

溶液主体中的溶质借扩散作用，穿过晶粒表面的滞流层到达晶体表面，即溶质从溶液主体转移到晶体表面的过程，属于分子扩散过程。

（2）表面反应

到达晶体表面的溶质长入晶面，使晶体增大的过程，同时放出结晶热，属于表面反应过程。

（3）传热

释放出的结晶热再扩散传递到溶液主体中的过程，属于传热过程。

2）影响晶体生长速率的因素

影响晶体生长速率的因素很多，如过饱和度、粒度、搅拌、温度及杂质等。在实际工业生产中，控制晶体生长速率时，还要考虑设备结构、产品纯度等方面的要求。

过饱和度增高，晶体生长速率增大；但过饱和度增大往往使溶液黏度增大，从而使扩散速率减小，导致晶体生长速率减慢。另外，过高的过饱和度还会使晶型发生不利变化，因此不能一味地追求过高的过饱和度，应通过相关实验确定一个适合的过饱和度，以控制适宜的晶体生长速率。

杂质的存在对晶体的生长有很大影响，从而成为结晶过程中的重要问题之一。有些杂质能完全抑制晶体的生长，有些则能促进生长，有些能对同一种晶体的不同晶面产生选择性影响，从而改变晶体外形。总之，杂质对晶体生长的影响复杂多样。

杂质影响晶体生长速率的途径也各不相同。有的是通过改变晶体与溶液之间界面上液层的特性而影响晶体生长，有的是通过杂质本身在晶面上吸附发生阻挡作用而影响晶体生长，如果杂质和晶体的晶格有相似之处，则杂质可能长入晶体内，从而产生影响。有些杂质能在极低的浓度下产生影响，有些却需要在相当高的浓度下才能起作用。

一般情况下，过饱和度增大、搅拌速率提高、温度升高，都有利于晶体的生长。

9.3　结晶条件的选择与控制

9.3.1　结晶条件的选择

固体产品的内在质量（如纯度）与其外观性状（如晶型、粒度等）密切相关。一般情况下，晶型整齐和色泽洁白的固体产品，具有较高的纯度。由结晶过程可知，溶液的过饱和度、结晶温度、时间、搅拌及晶种加入等操作条件对晶体质量影响很大，必须根据药物在粒度大小、分布、晶型以及纯度等方面的要求，选择适合的结晶条件，并严格控制结晶过程。

1）过饱和度

溶液的过饱和度是结晶过程的推动力，因此在较高的过饱和度下进行结晶，可提高结晶速率和收率。但是在工业生产实际中，当过饱和度（推动力）增大时，溶液黏度增大，杂质含量也增大，可能会出现：成核速率过快，使晶体细小；结晶生长速率过快，容易在晶体表面产生液泡，影响结晶质量；结晶器壁易产生晶垢，给结晶操作带来困难；产品纯度降低。因此，过饱和度与结晶速率、成核速率、晶体生长速率及结晶产品质量之间存在着一定的关系，应根据具体产品的质量要求，确定最适宜的过饱和度。

2) 温度

许多物质在不同的温度下结晶,其生成的晶型和晶体大小会发生变化,而且温度对溶解度的影响也较大,可直接影响结晶收率。因此,结晶操作温度的控制很重要,一般控制较低温度和较小的温度范围。如生物大分子的结晶,一般选择在较低温度条件下进行,以保生物物质的活性,还可以抑制细菌的繁殖。但温度较低时,溶液的黏度增大,可能会使结速率变慢,因此应控制适宜的结晶温度。

3) 晶浆浓度

结晶操作一般要求结晶液具有较高的浓度,有利于溶液中溶质分子间的相互碰撞聚集,以获得较高的结晶速率和结晶收率。但当晶浆浓度增高时,相应杂质的浓度及溶液黏度也随之增大,悬浮液的流动性降低,反而不利于结晶析出;也可能造成晶体细小,使结晶产品纯度较差,甚至形成无定型沉淀。因此,晶浆浓度应在保证晶体质量的前提下尽可能取较大值。对于加晶种的分批结晶操作,晶种的添加量也应根据最终产品的要求,选择较大的晶浆浓度。只有根据结晶生产工艺和具体要求,确定或调整晶浆浓度,才能得到较好的晶体。对于生物大分子,通常选择3%~5%的晶浆浓度比较适宜,而对于小分子物质(如氨基酸类)则需要较高的晶浆浓度。

4) 结晶时间

对于小分子物质,如果在适宜的条件下,几小时或几分钟内即可析出结晶。对于蛋白质等生物大分子物质,由于分子量大,立体结构复杂,其结晶过程比小分子物质要困难得多。这是由于生物大分子在进行分子的有序排列时,需要消耗较多的能量,使晶核的生成及晶体的生长都很慢,而且为防止溶质分子来不及形成晶核而以无定型沉淀形式析出的现象发生,结晶过程必须缓慢进行。生产中主要控制过饱和溶液的形成时间,防止形成的晶核数量过多而造成晶粒过小。生物大分子的结晶时间差别很大,从几小时到几个月的都有,早期用于研究 X 射线衍射的胃蛋白酶晶体的制备就需花费几个月的时间。

5) 溶剂与 pH 值

结晶操作选用的溶剂与 pH 值,都应使目的药物的溶解度降低,以提高结晶的收率。另外,溶剂的种类和 pH 值对晶型也有影响,如普鲁卡因青霉素在水溶液中的结晶为方形晶,而在乙酸丁酯中的结晶为长棒。因此,需通过实验确定溶剂的种类和结晶操作的 pH,以保证结晶产品质量和较高的收率。

6) 搅拌与混合

增大搅拌速率,可提高成核速率,同时搅拌也有利于溶质的扩散而加速晶体生长;但搅拌速率过快会造成晶体的剪切破碎,影响结晶产品质量。工业生产中,为获得较好的混合状态,同时避免晶体的破碎,一般通过大量的实验,选择搅拌桨的形式,确定适宜的搅拌速率,以获得所需的晶体。搅拌速率在整个结晶过程中可以是不变的,也可以根据不同阶段选择不同的搅拌速率;也可采用直径及叶片较大的搅拌桨,降低转速,以获得较好的混合效果;也可采用气体混合方式,以防止晶体破碎。

7) 晶种

加晶种进行结晶是控制结晶过程、提高结晶速率、保证产品质量的重要方法之一。工业中的引入有两种方法：一是通过蒸发或降温等方法，使溶液的过饱和状态达到不稳定自发成核一定数量后，迅速降低溶液浓度（如稀释法）至介稳区，这部分自发成核的晶为晶种；二是向处于介稳区的过饱和溶液中直接添加细小均匀的晶种。工业生产中对于不易结晶（即难以形成晶核）的物质，常采用加入晶种的方法，以提高结晶速率。对于溶液黏度较高的物系，晶核产生困难，而在较高的过饱和度下进行结晶时，由于晶核形成速率较快，容易发生聚晶现象，使产品质量不易控制。因此，高黏度的物系必须采用在介稳区内添加晶种的操作方法。

9.3.2　晶垢的处理

在结晶操作过程中，常在结晶器壁及循环系统内产生晶垢，从而严重影响结晶过程的效率。为避免晶垢的产生，或除去已形成的晶垢，一般可采用下述方法：

①器壁内表面采用有机涂料，尽量保持壁面光滑，可防止在器壁上进行二次成核而产生晶垢。

②提高结晶系统中各部位的流体流速，并使流速分布均匀，消除低流速区内晶体的沉积结垢现象。

③若外循环液体为过饱和溶液，应使溶液中含有悬浮的晶种，防止溶质在器壁上析出结晶而产生晶垢。

④控制过饱和形成的速率和过饱和程度，防止壁面附近过饱和度过高而结垢。

⑤增设晶垢铲除装置，或定期添加污垢溶解剂，除去已产生的晶垢。

9.3.3　结晶装置的类型

常见的生产用结晶设备主要有冷却结晶器、蒸发结晶器、真空结晶器、盐析结晶器、喷雾结晶器等。

1）冷却结晶器

（1）釜式结晶器

釜式结晶器的工作原理是用冷却剂使溶液冷却下来而达到过饱和，从而使溶液产生结晶。这种反应器具有结构简单、制造容易等优点，缺点是冷却表面易结垢而导致换热效率下降。

（2）Krystal-Oslo 分级结晶器

Krystal-Oslo 分级结晶器结构如图 9.2 所示，器内的饱和溶液与少量处于未饱和状态的热原料液相混合，通过循环管进入冷却器达到轻度过饱和状态，在通过中心管从容器底部返回结晶器的过程中达到过饱和，使原来的晶核得以长大，由于晶体在向上流动溶液的带动下保持悬浮状态，从而形成了一种自动分级的作用，大粒的晶体在底部，中等的在中部，最小的在最上面。

2）移去部分溶剂的结晶器

（1）蒸发结晶器

蒸发结晶器与普通蒸发器在设备结构和操作上完全相同，溶液被加热到沸点，蒸发浓缩达到过饱和而结晶。特点是由于设备一般在减压下操作，在较低温度下溶液可较快达到过饱和

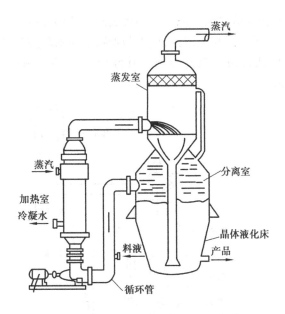

图 9.2　Krystal-Oslo 分级结晶器示意图

状态,而使结晶的粒度难于控制。

(2)真空冷却结晶器

真空冷却结晶器结构如图 9.3 所示,将热的饱和溶液加入一与外界绝热的结晶器中,由于器内维持高度真空,其内部溶液的沸点低于加入溶液的温度,结晶排出。其构造简单,无运动部件,易于解决防腐蚀问题。操作可以达到很低的温度,生产能力大。溶液是绝热蒸发而冷却,不需要传热面,避免传热面上有晶体结垢,操作中易调节和控制。

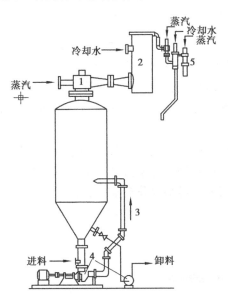

图 9.3　真空冷却结晶器示意图

3) DTB 型结晶器

DTB 型结晶器结构如图 9.4 所示,器内有一圆筒形挡板,中央有一导流筒,筒内装有螺旋桨或搅拌器,使悬浮液在导流筒及导流筒与挡板之间的环形通道内循环流动,形成良好的混合条件。结晶器分为晶体成长区和澄清区,挡板与器壁之间的环隙为澄清区,区内的搅拌作用已基本消除,使晶体得以从母液中沉降分离。其性能优良,生产强度大,能产生粒度达 600 ~ 1 200 μm 的大粒结晶产品。

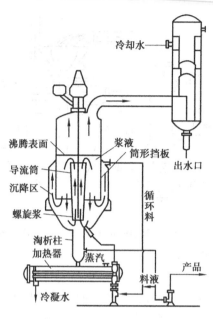

图 9.4　DTB 结晶器示意图

• 本章小结 •

　　生物大分子主要包括蛋白质、多糖、核酸,特别是蛋白质类生物制品在医药工业中具有很高的应用价值和前景。近年来,生物大分子制品生产和应用发展很快,越来越多的试验证明,以晶体结构存在的生物大分子是比较稳定的。并且人们在生物大分子,特别是蛋白质结晶方面,逐渐积累了较多成功的技术经验,能够获得晶体结构的蛋白质数目也有一定的增长。

　　本章从结晶的基本原理、结晶过程及其条件选择与控制方面,对结晶技术在实际生产中的应用进行了系统的介绍,通过这部分内容的学习,要求学生掌握结晶的基本原理、结晶主要过程。同时,能够利用结晶操作分离生物样品,分析影响结晶操作的因素。

一、填空题

1.过饱和溶液的形成方式有_____、_____、_____和_____。

2.在结晶操作中,工业上常用的起晶方法有_____、_____和_____。

3.晶体质量主要指_____、_____和_____3个方面。

4.结晶装置的类型主要包括_____、_____、_____、_____、和_____。

二、单项选择题

1.结晶过程中,溶质过饱和度大小(　　)。

　A.不仅会影响晶核的形成速度,而且会影响晶体的长大速度

　B.只会影响晶核的形成速度,但不会影响晶体的长大速度

　C.不会影响晶核的形成速度,但会影响晶体的长大速度

　D.不会影响晶核的形成速度,而且不会影响晶体的长大速度

2.在什么情况下得到粗大而有规则的晶体(　　)?

　A.晶体生长速度大大超过晶核生成速度

　B.晶体生长速度大大低于晶核生成速度

　C.晶体生长速度等于晶核生成速度

　D.以上都不对

三、简答题

1.工业结晶起晶方法有哪些?

2.影响晶体生长速度的主要因素有哪些?

3.结晶条件如何选择与控制?

第10章　干燥技术

📖【学习目标】
➤掌握干燥技术的基本原理。
➤理解真空干燥、冷冻干燥、喷雾干燥的工艺过程。

📖【能力目标】
➤能够选用合适技术对产品进行干燥。
➤掌握典型冻干设备的操作方法。

在生化产品的生产过程中,经常会遇到各种湿物料,湿物料中所含的需要在干燥过程中除去的液体称为湿分。

干燥是指利用热能除去湿物料中湿分(水分或有机溶剂)的单元操作,通常是生物产品成品化前的最后一步。干燥的质量直接影响产品的质量和价值,因此干燥技术在生物分离与纯化过程中十分重要。

10.1　概　述

物料中的水分可以附着在物料表面,也可以存在于多孔物料的孔隙中,还可以以结晶水的方式存在。物料中水分存在的方式不同,除去的难易程度也不同。在干燥操作中,有的水分能用干燥方法除去,有的水分除去很困难,因此须将物料中的水分分类,以便于分析研究干燥过程。

10.1.1　物料中的水分

1)平衡水分与自由水分

在一定的干燥条件下,当干燥过程达到平衡时,不能除去的水分称为该条件下的平衡水分。

湿物料中的水分含量与平衡水分之差称为自由水分。平衡水分是该条件下物料被干燥的极限,由干燥条件所决定,与物料的性质无关。自由水分在干燥过程中可以全部被除去。

2）结合水分与非结合水分

存在于湿物料的毛细管中的水分,由于毛细现象,在干燥过程中较难除去,此种水分称为结合水分。而吸附在湿物料表面的水分和大孔隙中的水分,在干燥过程中容易除去,此种水分称为非结合水分。自由水分包含干燥过程中能除去的非结合水分和能除去的结合水分,平衡水分包含干燥过程不能除去的结合水分。

10.1.2　影响干燥效果的因素

影响干燥效果的因素主要有以下几个:

1）物料的性质、结构和形状

物料的性质和结构不同,干燥速率也不同。物料的形状、大小以及堆积方式不仅影响干燥面积,同时也影响干燥速率。

2）干燥介质的温度、湿度与流速

提高相对温度,通过加快蒸发速度使干燥速率加快;降低有限空间相对湿度,可提高干燥效率;加大空气流速,通过减小气膜厚度降低表面汽化阻力,加快干燥速率。

3）干燥速度与干燥方法

干燥速度不宜过快,太快易发生表面假干现象。正确的干燥方法是,静态干燥要逐渐升温,否则易出现结壳、假干现象;动态干燥要大大增加其暴露面积,有利于干燥效率。

4）压力与蒸发量

减压干燥可以改善蒸发、加快干燥,使产品疏松、易碎且质量稳定。

10.2　真空干燥技术

真空干燥是指将被湿物料放置于密闭的干燥室内,用真空系统抽真空的同时对被干燥物料不断加热,使物料内部的水分通过压力差或浓度差扩散到表面,水分子在物料表面获得足够的动能,在克服分子间的相互吸引后,逃逸到真空室的低压空间,从而被真空泵抽走的过程。

10.2.1　真空干燥原理

湿物料内的水分在负压状态下,沸点随着真空度的升高而降低,同时辅以真空泵抽湿降低水汽含量,使得湿物料内水分等溶液获得足够的动能脱离物料表面。真空干燥由于处于负压状态下,使得部分在干燥过程中易被氧化的物料能够更好地保持原有的特性,也可以通过注入惰性气体后抽真空的方式来更好地保护物料。

在真空干燥过程中,干燥室内的压力始终低于大气压力,气体分子数小、密度低、含氧量低,因而能干燥容易氧化变质的物料、易燃易爆的危险品等。对药品、食品和生物制品能起到一定的消毒灭菌作用,可以减少物料染菌的机会或者抑制某些细菌的生长。

因为水在汽化过程中其温度与蒸汽压成正比,所以真空干燥时物料中的水分在低温下就能汽化,可以实现低温干燥。这对于某些药品、食品和农副产品中热敏性物料的干燥是有利的。例如,糖液超过 70 ℃部分成分就会变成褐色,降低产品的商品价值;维生素 C 超过 40 ℃就分解,改变了原有性能;蛋白质在高温下变性,改变了物料的营养成分等。

真空干燥可消除常压干燥情况下容易产生的表面硬化现象。真空干燥物料内部和表面之间压力差较大,在压力梯度作用下,水分很快移向表面,不会出现表面硬化,同时能提高干燥速率,缩短干燥时间,降低设备运行费用。

真空干燥能克服热风干燥所产生的溶质失散现象。真空干燥时物料内外温度梯度小,有逆渗透作用使得作为溶剂水独自移动,克服了溶质散失现象,有些被干燥的物料内含有贵重或有价值的物质成分,干燥后需要回收利用;还有些被干燥物料内含有危害人类健康或有毒有害的物质成分,干燥后废气不允许直接排放到空间环境中去,需要集中处理。只有真空干燥才能方便地回收这些有用和有害的物质,而且能做到密封性良好。从环保的角度,真空干燥可称之为"绿色干燥"。

10.2.2　真空干燥设备

真空干燥设备专为干燥热敏性、易分解和易氧化物质而设计,能够向内部充入惰性气体,特别适用于一些成分复杂的产品进行快速干燥。

1)真空厢式干燥器

真空厢式干燥器将被干燥物料置于真空条件下进行加热干燥。真空干燥适用于不耐高温、易于氧化的物质,以及一些经济价值较高的生物制品。它的优点在于干燥温度低、干燥速度快、干燥耗时短、产品质量高,特别是对于一些有毒、有价值的湿分进行干燥时,还可以冷凝回收,与此同时该干燥器无扬尘现象,干燥小批量价值昂贵的物料更为经济。

真空厢式干燥器的结构如图 10.1 所示,钢制断面为保温外壳,内设多层空心隔板,隔板中通入加热蒸汽或热水,由 A 和 B 管分别通入蒸汽及冷凝水。将物料盘放于每层隔板之上,关闭箱门,用真空泵将厢内抽到所需要的真空度,保持一段时间可以完成干燥过程。

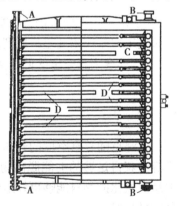

图 10.1　真空厢式干燥器的结构图
A—进汽多支管;B—凝液多支管;
C—连接多支管与空心隔板的短管;D—空心隔板

2) 双锥回转真空干燥机

双锥回转真空干燥机为双锥形的回转罐体,罐内在真空状态下,向夹套内通入蒸汽或热水进行加热,热量通过罐体内壁与湿物料接触,湿物料吸热后蒸发的水汽,通过真空泵经真空排气管被抽走。由于罐体内处于真空状态,且罐体的回转使物料不断的上下内外翻动,故加快了物料的干燥速度,提高干燥效率,达到均匀干燥的目的。其结构如图 10.2 所示。

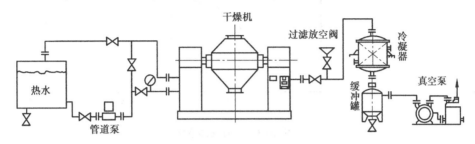

图 10.2　双锥回转真空干燥机结构示意图

10.3　冷冻干燥技术

冷冻干燥是指把含有大量水分的物质预先进行降温冻结成固体,然后在真空的条件下使水分从固体直接升华变成气态排除,达到除去水分而保存物质的方法。经冷冻干燥后可以保持物料原有的形态,而且制品复水性极好。

冷冻干燥的优点有:物品在低温下干燥,使物品的活性不会受到损害;物品干燥后体积、形状基本不变,物质呈海绵状无干缩,复水时能迅速还原成原来的形状;物品在真空下干燥,使易氧化的物质得到保护;除去了物品中 95% 以上的水分,能使物品长期保存。

由于冷冻干燥技术具有上述优点,因此它的应用十分广泛,如疫苗、菌类、病毒、血液制品的冷冻干燥保存。

10.3.1　冷冻干燥的原理

物质有固、液、气三态,物质的状态与其温度和压力有关,图 10.3 为水的状态平衡图。图中 *OA*、*OB*、*OC* 三条曲线分别表示水和水蒸气、冰和水蒸气、冰和水两相共存时其压力和温度之间的关系,这三条曲线分别称为溶化线、沸腾线和升华线。三条曲线将图面分为固相区、液相区和气相区。曲线的顶端有一点其温度为 374 ℃,称为临界点。若水蒸气的温度高于其临界温度 374 ℃时,无论怎样加大压力,水蒸气也不能变成水。三曲线的交点 *O*,为固、液、气三相共存的状态,称为三相点,其温度为 0.01 ℃,压力为 609.3 Pa。在三相点以下,不存在液相。若将冰面的压力保持低于 609.3 Pa,且给冰加热,冰就会不经液相直接变成气相,这一过程称为升华。

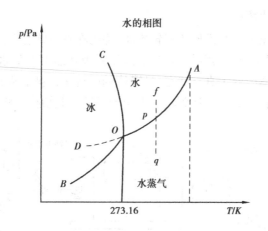

图 10.3　水的状态平衡图

　　冷冻干燥就是在低温下抽真空,使冰面压强降低,水直接由固态变成气态从物质中升华出去,从而达到除去水分的目的。干燥过程是水的物态变化和移动的过程。这种变化和移动发生在低温低压下,因此,真空冷冻干燥的基本原理就是低温、低压下完成传质和传热过程。

10.3.2　冷冻干燥的过程

冷冻干燥的过程包括预冻、升华干燥和解析干燥 3 个阶段。

1)预冻

　　预冻是把制品冷冻,目的是固定产品,以便在一定的真空度下进行升华。预冻进行的程度,直接关系到物品以后干燥升华的质量和效率。预冻温度应设在制品的共晶点以下 10～20 ℃左右。在升华过程中,物料温度应维持在低于而又接近共熔点的温度。

2)升华干燥

　　将冻结后的产品置于密封的真空容器中加热,其冰晶就会升华成水蒸气逸出而使产品脱水干燥。当全部冰晶除去时,第一阶段干燥就完成了,此时约除去全部水分的 90%。

　　为了使升华出来的水蒸气具有足够的推动力逸出产品,必须使产品内外形成较大的蒸汽压差,因此在此阶段中箱内必须维持高真空。

3)解析干燥

　　解析干燥也称第二阶段干燥。在第一阶段干燥结束后,产品内还存在 10% 左右的水分吸附在干燥物质的毛细管壁和极性基团上,这一部分的水是未被冻结的。当它们达到一定含量,就为微生物的生长繁殖和某些化学反应提供了条件。因此,为了改善产品的储存稳定性,延长其保存期,需要除去这些水分,这就是解析干燥的目的。

　　由于这一部分水分是通过范德华力、氢键等弱分子力吸附在产品上的结合水,因此要除去这部分水,需要克服分子间的力,需要更多的能量。此时,可以把产品温度加热到其允许的最高温度以下,维持一定的时间(由制品特点而定),使残余水分含量达到预定值,整个冻干过程结束。

10.3.3 冷冻干燥设备及工作流程

产品的冷冻干燥需要在一定装置中进行,这个装置叫作真空冷冻干燥机或冷冻干燥装置,简称冻干机。冻干机按系统分类,由制冷系统、真空系统、加热系统和控制系统 4 个主要部分组成;按结构分类,由冻干箱或称干燥箱、冷凝器或称水汽凝结器、制冷机、真空泵和阀门、电气控制元件等组成。如图 10.4 所示。

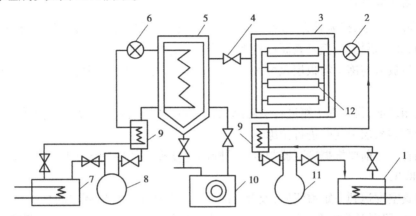

图 10.4 冻干机示意图

1,7—冷凝器;2,6—膨胀阀;3—冻干箱;4—阀门;
5—捕水器;8,11—制冷机;9—热交换器;10—真空泵;12—加热系统

1)冻干机结构与功能

(1)冻干箱

一个能够制冷到-55 ℃左右,能够加热到+80 ℃左右的高低温箱,也是一个能抽成真空的密闭容器。它是冻干机的主要部分,需要冻干的产品就放在箱内分层的金属板层上,对产品进行冷冻,并在真空下加温,使产品内的水分升华而干燥。

(2)冷凝器

同样是一个真空密闭容器,在它的内部有一个较大表面积的金属吸附面,吸附面的温度能降到-70~-40 ℃,并且能维持这个低温范围。冷凝器的作用是把冻干箱内产品升华出来的水蒸气冻结吸附在其金属表面上。

(3)真空系统

冻干箱、冷凝器、真空管道、阀门、真空泵等构成冻干机的真空系统。真空系统要求没有漏气现象,真空泵是真空系统建立真空的重要部件。真空系统对于产品的迅速升华干燥是必不可少的。

(4)制冷系统

制冷系统由制冷机、冻干箱、冷凝器内部的管道等组成。制冷机的作用是对冻干箱和冷凝器进行制冷,以产生和维持系统工作时所需要的低温。

(5)加热系统

对于不同的冻干机有不同的加热方式。有的是利用直接电加热;有的则利用中间介质来进行加热,由一台泵(或加一台备用泵)完成中间介质不断循环。加热系统的作用是对冻干箱内的产品进行加热,以使产品内的水分不断升华,并达到质量标准规定的残余含水量要求。

(6)控制系统

控制系统由各种控制开关、指示调节仪表及一些自动装置等组成。一般自动化程度较高的冻干机,其控制系统较为复杂。控制系统的作用是对冻干机进行手动或自动控制,操纵机器正常运转,使冻干机生产出合乎要求的产品来。

2)冷冻干燥的程序

①在冻干之前,把需要冻干的产品分装在合适的容器内,一般是玻璃模子瓶、玻璃管子瓶或安瓿瓶,装量要均匀,蒸发表面尽量大而厚度尽量薄一些。

②然后放入与冻干箱板层尺寸相适应的金属盘内,一般采用托底盘,有利于热量的有效传递。

③装箱之前,先将冻干箱进行空箱降温,然后将产品放入冻干箱内进行预冻;或者将产品放入冻干箱内板层上同时进行预冻。

④抽真空之前要根据冷凝器制冷机的降温速度提前使冷凝器工作,抽真空时冷凝器至少应达到-40 ℃。

⑤待真空度达到一定数值后,或者有的冻干工艺要求达到所要求的真空度后,继续抽真空1~2 h以上,即可对箱内产品进行加热。一般加热分两步进行,第一步加温不使产品的温度超过共熔点或称共晶点的温度;待产品内水分基本蒸发完全后进行第二步加温,这时可迅速地使产品上升到规定的最高温度。在最高温度保持2 h以上后,即可结束冻干操作。

冻干结束后,要将无菌空气充入干燥箱,然后尽快进行加塞封口,以防重新吸收空气中的干燥水分,导致干燥失败。

10.3.4 冷冻干燥的应用

冷冻干燥技术主要适用于热稳定性差的生物制品的冻干。例如,可应用于外科手术用的皮层、骨骼、角膜、心瓣膜等生物组织的处理;能迅速复水的咖啡、调料、肉类、海产品、果蔬的冻干;人参、蜂王浆、龟鳖等保健品及中草药制剂的加工,等等。

10.4 喷雾干燥技术

喷雾干燥是将原料液用雾化器分散成雾滴,并使雾滴直接与热空气(或其他气体)接触,从而获得粉粒状产品的一种干燥过程。该法能直接使溶液、乳浊液干燥成粉状或颗粒状制品,可省去蒸发、粉碎等工序。

喷雾干燥技术具有干燥与制粒的双重作用。利用喷雾干燥技术还可将中药提取液制成微囊制剂,可防止其氧化、水解和挥发,掩盖不良气味,提高其稳定性和生物利用度,以及降低刺激性、毒性及不良反应。

目前,喷雾干燥技术已被广泛应用于药物提取液的干燥及新产品和新剂型的开发。

10.4.1　喷雾干燥原理

图 10.5 是一个典型的喷雾干燥系统。原料液由储料罐经过滤器,通过泵输送到喷雾干燥器顶部的雾化器雾化为雾滴。新鲜空气由鼓风机经过过滤器、空气加热器及空气分布器送入喷雾干燥器的顶部,与雾滴接触、混合,进行传热和传质完成干燥过程,干燥后的产品由塔底引出,夹带细粉尘的废气经旋风分离器分离后由引风机排入大气。

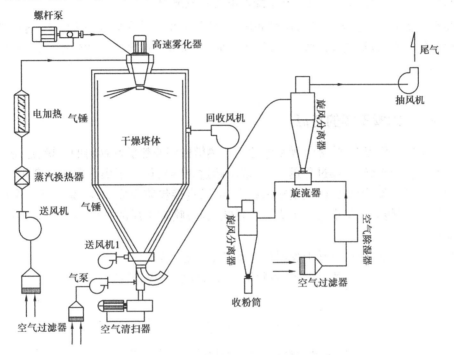

图 10.5　喷雾干燥系统流程图

10.4.2　喷雾干燥过程

喷雾干燥的主要过程包括料液雾化为雾滴,雾滴和干燥介质的接触、混合及流动,干燥产品与空气分离 3 个步骤。

1)喷雾干燥的第一阶段——料液的雾化

雾化的目的在于将料液分散为微小的雾滴,使其具有很大的表面积,从而有利于干燥。雾滴的大小和均匀程度对产品质量和技术经济指标影响很大,特别是对热敏性物料的干燥尤为重要。如果喷出的雾滴大小不均匀,就会出现大颗粒还没达到干燥要求,而小颗粒却已干燥过度而变质的现象。因此,料液雾化所用的雾化器是喷雾干燥的关键部件。目前,常用的雾化器有气流式、压力式和旋转式。

2)喷雾干燥的第二阶段——雾滴和空气的接触、混合及流动

雾滴与空气的接触、混合及流动是同时进行的传热、传质过程,即干燥过程。此过程在干燥塔内进行。在干燥塔内,雾滴和空气有并流、逆流及混合流3种方式。雾滴与空气的接触方式不同,对干燥塔内的温度分布、雾滴(或颗粒)的运动轨迹、颗粒在干燥塔中的停留时间及产品性质等均有很大影响。

雾滴的干燥过程也经历着恒速和降速阶段。研究雾滴的运动及干燥过程,能够确定干燥时间和干燥塔的主要尺寸。

3)喷雾干燥的第三个阶段——干燥产品与空气分离

喷雾干燥的产品大多数都采用塔底出料,部分细粉夹带在排放的废气中,这些细粉在排放前必须收集下来,以提高产品收率,降低生产成本;排放的废气必须达到排放标准,以防止造成环境污染。

10.4.3 喷雾干燥的特点

喷雾干燥的优点有:喷雾干燥系统适用于热敏性和非热敏性物料的干燥,适用于水溶液和有机溶剂物料的干燥;干燥过程迅速(一般不超过30 s),虽然干燥介质的温度相当高,但物料不致发生过热现象;干物料已经呈粉末状态,可以直接包装为成品;喷雾干燥操作具有非常大的灵活性,喷雾能力在每小时几千克至二百吨之间;喷雾干燥的操作是连续的,系统可以实现全自动控制。

喷雾干燥的缺点有:喷雾干燥属于对流型干燥器,热效率比较低,一般为30%~40%;容积干燥强度小,干燥室所需的尺寸大;将料液喷成雾状的过程,消耗动力较大;投资费用比较高。

• **本章小结** •

在现代生物药物的生产过程中,依据物料的性质和生产条件等因素综合考虑,针对不同的成分选择合适的干燥技术和设备,开发最合理的干燥方法及工艺是生物分离与纯化技术的重要组成部分。近年来,生物制品生产和应用发展很快,干燥技术对最终产品的质量有着重大的影响。

本章从干燥技术的基本原理、干燥过程、不同干燥方法的优缺点和适用范围,对干燥技术在实际生产中的应用进行了系统的介绍。通过这部分内容的学习,要求学生掌握真空干燥、冷冻干燥、喷雾干燥的主要工作过程。同时,能够利用真空干燥处理生物样品,分析影响干燥质量的因素,能够完成生物制品的冷冻干燥操作。

复习思考题

一、填空题

1.干燥技术按操作压强可分为_____、_____和_____。

2.喷雾干燥可分为3个基本过程阶段,即_____、_____、干燥产品与空气分离。

3.冻干操作过程包括_____、_____、_____。

二、选择题

1.下列项目中哪一项是喷雾干燥的特点(　　)?
　A.水分蒸发慢　　　　　　　　　　B.传热传质速度慢
　C.适用于热敏性物质　　　　　　　D.干燥后的制品溶解性能差

2.真空冷冻干燥的特点包括(　　)。
　A.设备投资费用低廉,动力消耗小　　B.干燥过程是在低温、低压条件下进行的
　C.干燥时间快　　　　　　　　　　D.适宜于热敏性物质的干燥处理

3.冻干系统的组成包括(　　)。
　A.真空系统　　　　B.冻干箱　　　　C.搁板　　　　D.冷凝器

三、简答题

1.简述物料中的水分类型。

2.简述冻干的基本操作步骤。

3.简述喷雾干燥的优点。

4.简述真空干燥的主要优缺点。

实训项目

实训项目 1　维生素 C 发酵液的预处理

【实训目的】

掌握用加热沉淀和絮凝两种方法除去发酵液中菌体蛋白的方法。

【实训原理】

维生素 C 化学名 L-2,3,5,6-四羟基-2-已烯酸-4-内酯。易溶于水,略溶于乙醇,不溶于乙醚、三氯甲烷等有机溶剂。目前,维生素 C 的生产主要采用"两步发酵法",即以葡萄糖为原料,经高压催化氢化制备 D-山梨醇,利用黑醋酸杆菌使 D-山梨醇氧化为 L-山梨醇,再通过葡萄糖酸杆菌和巨大芽孢杆菌混合发酵生成维生素 C 前体 2-酮基-L-古龙酸(2-KLG),最后再将此酸采取酸(或碱)转化成粗品维生素 C。在发酵终点时,发酵液中除了含有一定量的 2-酮基-L-古龙酸钠及 2-酮基-L-古龙酸外,还含有大量的菌丝体、菌体蛋白和大量的培养基成分等,使2-KLG分离提纯较为困难,因此,将 2-KLG 从发酵液中分离提取出来,必须先除去菌体蛋白。本实验将采用加热沉淀和絮凝两种方法,分别除去发酵液中的菌体蛋白。

【实训器材】

1.仪器设备:离心机、移液管、水浴恒温振荡器、分液漏斗。

2.材料:维生素 C 发酵液、0.1 mol/L 盐酸、YB 系列絮凝剂中的主凝剂 A(聚丙烯酰胺)和助凝剂 B(碱式聚合氧化铝)。

【实训步骤】

1)加热沉淀除蛋白

1.调等电点。取一定量的维生素 C 发酵液,在室温下用 0.1 mol/L 盐酸酸化,调至维生素 C 菌体蛋白等电点。

2.加热静置。将已产生沉淀的发酵液加热至 70 ℃,保温 20 min 后,冷却至室温,静置1 h,使菌体蛋白充分沉淀。

3.离心。将已沉淀的发酵液离心(3 000 r/min,20 min)。

4.收集上清液。收集上清液,沉淀物用清水洗,合并上清液及洗液为预处理后的维生素 C 发酵液。

2) 絮凝除蛋白

1.加入絮凝剂。另取维生素 C 发酵液 500 mL,于 1 000 mL 分液漏斗中,通过计算,加入主凝剂 A 使其在发酵液中的浓度为 500 mg/kg,加入一定量的助凝剂 B 使其在发酵液中的浓度为 12.5 mg/kg。

2.测 pH 值。测溶液 pH 值为 6.3~6.6。

3.静置。室温下搅拌 15 min,然后静置 1 h。

4.收集上清液。放出下层沉淀,沉淀物用清水洗 2~3 次,合并上清液及洗液为预处理后的维生素 C 的发酵液。

【结果与讨论】

1.加热沉淀除蛋白与絮凝除蛋白各有何优缺点?

2.如何检验维生素 C 发酵液预处理的效果?

实训项目 2　蔗糖密度梯度离心法提取叶绿体

【实训目的】

1.掌握手工制作密度梯度的技术。

2.了解蔗糖密度梯度离心的原理。

【实训原理】

密度梯度区带离心法(简称区带离心法)是将样品加在惰性梯度介质中进行离心沉降或沉降平衡,在一定的离心力下把颗粒分配到梯度中某些特定位置上,形成不同区带的分离方法。本次实验是从绿色植物的叶子中先经破碎细胞,再用差速离心法得到去除细胞核的叶绿体粗提物,然后将叶绿体粗提物经蔗糖密度梯度离心法制备得到完整绿叶体。

【实训器材】

1.仪器设备:组织捣碎器、高速冷冻离心机、普通离心机、普通离心管、耐压透紫外的玻璃离心管(Corex 离心管)、烧杯、漏斗、纱布、载玻片、盖玻片、普通光学显微镜、剪刀、滴管、荧光显微镜。

2.材料:新鲜菠菜叶、匀浆介质(0.25 mol/L 蔗糖、0.05 mol/L Tris-HCl 缓冲液,pH 7.4)、不同浓度的蔗糖溶液(60%、50%、40%、20%、15%)。

【实训步骤】

1.洗净菠菜叶,尽可能使它干燥,去掉叶柄、主脉后,称取 50 g,剪碎。

2.加入预冷到近 0 ℃匀浆介质 100 mL,在组织捣碎机上选高速挡捣碎 2 min。

3.捣碎液用双层纱布过滤到烧杯中。

4.滤液移入普通玻璃离心管,在普通离心机上 500 r/min 离心 5 min,轻轻吸取上清液。

5.在 Corex 离心管内依次加入 50%蔗糖溶液和 15%蔗糖溶液(或依次加入 60%、40%、20%、15%的蔗糖溶液),注意用滴管吸取 15%蔗糖溶液沿离心管壁缓缓注入,不能搅动 50%蔗糖液面,一般两种溶液各加 12 mL(如果是四个梯度则每个梯度加 6 mL)。加液完成后,可见两种溶液界面处折光率稍不同,形成分层界面,这样密度梯度便制好了。

6.在制好的密度梯度上小心地沿离心管壁加入 1 mL 上清液。

7.严格平衡离心管,份量不足的管内轻轻加入少量上清液。

8.高速冷冻离心机离心 18 000 r/min,90 min。

9.取出离心管,可见叶绿体在密度梯度液中间形成带,用滴管轻轻吸出滴于载玻片上,盖上盖玻片,显微镜下观察。还可在暗室内用荧光显微镜观察。

【结果与讨论】

1.蔗糖密度梯度在离心中起什么作用?

2.两个梯度与四个梯度密度梯度介质中提取叶绿体的现象有何区别?

实训项目3 大肠杆菌细胞的超声波破碎

【实训目的】

1.了解超声波法破碎细胞的原理。

2.掌握超声波法破碎大肠杆菌细胞的操作技术。

3.熟悉超声波破碎仪的使用与维护。

【实训原理】

大肠杆菌是革兰阴性菌,其细胞壁由外层的脂蛋白、脂多糖及磷脂和内层的肽聚糖层组成。外层的稳定需要 Ca^{2+} 参与,用含有 EDTA 的溶菌酶裂解液可部分或全部水解细胞壁肽聚糖;再经过超声波破碎,可使菌体细胞得以完全破碎。

【实训器材】

1.仪器设备:烧杯、50 mL 离心管、显微镜、血球计数板、离心机、超声波破碎仪。

2.材料:大肠杆菌、碎冰块、PBS 缓冲液(8 g NaCl、0.2 g KCl、1.44 g Na_2HPO_4、0.24 g KH_2PO_4,用蒸馏水溶解至 1 000 mL,pH 7.3)、50 mmol/L Tris-HCl 缓冲液(称取 1.211 4 g Tris 溶解至 80 mL,用 1 mol/L HCl 调 pH 为 8.0,定容至 200 mL)、溶菌酶裂解液(50 mmol/L Tris-HCl、2 mmol/L EDTA、100 mmol/L NaCl、0.3%(质量分数)Triton X-100,加溶菌酶至 0.05 mg/mL,pH 8.0)。

【实训步骤】

1.超声前菌体的准备。取大肠杆菌培养物,4 000 r/min 离心 10 min 后,用 PBS 缓冲液洗菌体沉淀 2~3 遍。

2.酶法裂解细胞。每克湿菌体细胞沉淀悬浮于 3 mL 溶菌酶裂解液中,冰上放置 30 min。

3.超声波破碎细胞。细胞裂解液冰浴条件下进行超声波破碎。超声波破碎的条件是 600 W,工作 10 s,间隔 10 s,20 min。

4.检查破碎率。用血球计数板显微镜下检查破碎情况,计算破碎率。

【结果与讨论】

1.如果超声时出现黑色沉淀,请解释由于何种原因引起？如何解决?

2.为何在超声过程中要尽量防止泡沫产生?

3.超声时间太长,功率太高会对样品产生什么影响?

实训项目 4　青霉素的萃取与萃取率计算

【实训目的】

1.学会利用溶剂萃取的方法对原料液进行提纯。

2.掌握碘量法测定青霉素含量的方法。

【实训原理】

萃取过程是利用在两个不混溶的液相中各种组分溶解度的不同,从而达到分离组分的目的。当 pH＝2.3 时,青霉素在乙酸乙酯中比在水中溶解度大,因而可以将乙酸丁酯加到青霉素溶液中,并使其充分接触,使青霉素被萃取浓集到乙酸丁酯中,达到分离提纯的目的。

萃取前、后青霉素含量的测定采用的是碘量法。碘量法的基本原理为青霉素类抗生素经碱水解的产物青霉噻唑酸,可与碘作用(8 mol 碘原子可与 1 mol 青霉素反应),根据消耗的碘量可计算青霉素的含量。利用碘量法测定青霉素含量时,为了消除供试品中可能存在的降解产物及其他能消耗碘的杂质的干扰,还应做空白试验。做空白试验时,青霉素不经碱水解。剩余的碘用 $Na_2S_2O_3$ 滴定($Na_2S_2O_3 : I_2 = 2 : 1$)。

【实训器材】

1.仪器设备:分液漏斗、小烧杯、电子天平、酸式滴定管、移液管、容量瓶、量筒、玻璃杯。

2.试剂:0.1 mol/L $Na_2S_2O_3$(取约 $Na_2S_2O_3$ 2.6 g 与无水 Na_2CO_3 0.02 g,加新煮沸过的冷蒸馏水适量溶解,定容至 100 mL)、0.1 mol/L 碘液(取碘 1.3 g,加 KI 3.6 g 与水 5 mL 使之溶解,再加 HCl 1~2 滴,定容至 100 mL)、pH＝4.5 乙酸–乙酸钠缓冲液(取 83 g 无水乙酸钠溶于水,加入 60 mL 冰醋酸,定容至 1 L)、NaOH 溶液(1 mol/L)、HCl 溶液(1 mol/L)、淀粉指示剂、乙酸丁酯、稀 H_2SO_4、蒸馏水。

【实训步骤】

1) $Na_2S_2O_3$ 的标定

1.精密称取 $K_2Cr_2O_7$ 0.15 g 于碘量瓶中,加入 50 mL 水使之溶解,再加 KI 2 g,溶解后加入稀 H_2SO_4 40 mL,摇匀,密塞,在暗处放置 10 min。

2.取出后再加水 25 mL 稀释,用 $Na_2S_2O_3$ 滴定临近终点时,加淀粉指示剂 3 mL,继续滴定至蓝色消失,记录 $Na_2S_2O_3$ 消耗的体积。

2) 青霉素的萃取

1.用电子天平称取 0.12 g 青霉素钠,溶解后定容至 100 mL(以此模拟青霉素发酵液进行实验操作)。

2.准确移取 10 mL 青霉素钠溶液,用稀 H_2SO_4 调节 pH 2.3~2.4,取 15 mL 乙酸丁酯液,与青霉素钠溶液混合,置分液漏斗中,摇匀,静置 30 min。

3.溶液分层后,将下方萃取相置于烧杯中备用,将上方萃取液回收。

3) 萃取率的测定

1.测定萃取前青霉素钠溶液消耗的碘。取 5 mL 定容好的青霉素钠溶液于碘量瓶中,加 NaOH 液(1 mol/L)1 mL 后放置 20 min,再加 1 mL HCl 液(1 mol/L)与 5 mL 乙酸-乙酸钠缓冲液,精密加入碘滴定液(0.1 mol/L)5 mL,摇匀,密塞,在 20~25 ℃暗处放置 20 min,用 $Na_2S_2O_3$ 滴定液(0.1 mol/L)滴定,临近终点时加淀粉指示剂 3 mL,继续滴定至蓝色消失,记录 $Na_2S_2O_3$ 消耗的体积($V_前$)。

2.测定空白消耗的碘。另取 5 mL 定容好的青霉素钠溶液于碘量瓶中,加入 5 mL 乙酸-乙酸钠缓冲液,再精密加入碘滴定液(0.1 mol/L)5 mL,摇匀,密塞,在 20~25 ℃暗处放置 20 min,用 $Na_2S_2O_3$ 滴定液(0.1 mol/L)滴定,临近终点时加淀粉指示剂 3 mL,继续滴定至蓝色消失,记录 $Na_2S_2O_3$ 消耗的体积($V_{空白}$)。

3.测定萃取后萃余相中青霉素钠消耗的碘。取萃余相 5 mL 于碘量瓶中,按步骤 1 的方法进行测定,记录 $Na_2S_2O_3$ 消耗的体积($V_后$)。

【结果与讨论】

1.青霉素含量计算。因青霉素:I_2=1:4,若把青霉素所消耗的碘简写为青 I_2,则:

$$青霉素含量 = 青 I_2/4$$

而

$$青 I_2 = 总 I_2 - 杂 I_2 - 余 I_2$$

所以

$$青霉素的含量 = \frac{总 I_2 - 杂 I_2 - 余 I_2}{4}$$

式中　总 I_2——滴定时总的碘含量,mol;

杂 I_2——青霉素以外的杂质所消耗的碘,mol;

余 I_2——青霉素和杂质消耗剩余的碘,mol。

因此

$$总 I_2 = 0.1 \times 5 \times 10^{-3} (mol/L)$$

$$杂 I_2 = \frac{总 I_2 - c_{Na_2S_2O_3} \times V_{空白}}{2}$$

$$余 I_2 = \frac{c_{Na_2S_2O_3} \times V_{Na_2S_2O_3}}{2}$$

注:上式中 $V_{Na_2S_2O_3}$,计算萃取前的青霉素含量时代入 $V_前$,计算萃取后的青霉素含量时代入 $V_后$。

2.青霉素萃取率计算。

$$青霉素萃取率(\%) = \frac{(萃取前青霉素含量 - 萃取后青霉素含量) \times 100\%}{萃取前青霉素含量}$$

3.讨论 pH 的调节在提高青霉素萃取率方面的重要性。

实训项目 5 大蒜细胞中 SOD 酶的提取与分离

【实训目的】

1.掌握有机溶剂沉淀法的原理和基本操作。

2.掌握 SOD 酶提取分离的一般步骤。

【实训原理】

超氧化物歧化酶(SOD)是一种具有抗氧化、抗衰老、抗辐射和消炎作用的药用酶。它可催化超氧负离子(O_2^-)进行歧化反应,生成氧和过氧化氢。大蒜蒜瓣和悬浮培养的大蒜细胞中含有较丰富的 SOD,通过组织或细胞破碎后,可用 pH = 7.8 的磷酸缓冲溶液提取出来。由于 SOD 不溶于丙酮,可用丙酮将其沉淀析出。

有机溶剂沉淀的原理是有机溶剂能降低水溶液的介电常数,使蛋白质分子之间的静电引力增大。同时,有机溶剂的亲水性比溶质分子的亲水性强,它会抢夺本来与亲水溶质结合的自由水,破坏其表面的水化膜,导致溶质分子之间的相互作用增大而发生聚集,从而沉淀析出。

【实训器材】

1.仪器设备:研钵、石英砂、烧杯(50 mL)、玻璃棒、pH 计、冷冻离心机、离心管。

2.材料:新鲜蒜瓣、0.05 mol/L 磷酸缓冲溶液(pH = 7.8)、氯仿-乙醇混合液(氯仿-无水乙醇 3∶5)、丙酮(用前预冷至 -10 ℃)。

【实训步骤】

整个操作过程要在 0~5 ℃条件下进行。

1.SOD 酶的提取。称取 5 g 新鲜蒜瓣,加入石英砂研磨破碎细胞后,加入 0.05 mol/L 磷酸缓冲溶液(pH = 7.8)15 mL,继续研磨 20 min,使 SOD 酶充分溶解到缓冲溶液中,然后 6 000 r/min 冷冻离心 15 min,弃去沉淀,取上清液。

2.去除杂蛋白。上清液中加入 0.25 倍体积的氯仿-乙醇混合液搅拌 15 min,6 000 r/min 离心 15 min,弃去沉淀,得到的上清液即为粗酶液。

3.SOD 酶的沉淀分离,粗酶液中加入等体积的冷丙酮,搅拌 15 min,6 000 r/min 离心 15 min,得到 SOD 酶沉淀,冷冻干燥后即得成品。对成品进行称量并测定酶活力。

【结果与讨论】

1.计算出 500 g 大蒜蒜瓣所制备出的 SOD 酶的量。

2.讨论有机溶剂沉淀法与盐析法相比的优缺点。

实训项目 6　牛乳中酪蛋白和乳蛋白素的提取

【实训目的】

1.掌握盐析法的原理和操作技术。

2.掌握等电点沉淀法的原理和操作技术。

【实训原理】

乳蛋白素是一种广泛存在于乳品中,合成乳糖所需要的重要蛋白质。牛奶中主要的蛋白质是酪蛋白,酪蛋白在 pH=4.8 左右会沉淀析出,但乳蛋白素在 pH=3 左右才会沉淀。利用此一性质,可先将 pH 降至 4.8,或是在加热至 40 ℃的牛奶中加硫酸钠,将酪蛋白沉淀出来。酪蛋白不溶于乙醇,这个性质被利用来从酪蛋白粗制剂中除去脂类杂质。将去除掉酪蛋白的滤液的 pH 调至 3 左右,能使乳蛋白素沉淀析出,部分杂质即可随澄清液除去。再经过一次 pH 沉淀后,即可得粗乳蛋白素。

【实训器材】

1.仪器设备:烧杯(250 mL 和 100 mL),玻璃试管(10 mm×100 mm)、离心管(50 mL)、磁力搅拌器、pH 计、离心机、水浴锅。

2.材料:脱脂牛乳或低脂牛乳、无水硫酸钠、0.1 mol/L HCl、0.1 mol/L NaOH、滤纸、pH 试纸、浓盐酸、乙酸缓冲溶液 0.2 mol/L(pH=4.6)、无水乙醇。

【实训步骤】

1)盐析或等电点沉淀制备酪蛋白

1.将 50 mL 牛乳倒入 250 mL 烧杯中,于 40 ℃水浴中加热并搅拌。

2.向上述烧杯中缓缓加入(约 10 min 内分次加入)10 g 无水硫酸钠,再继续搅拌 10 min(或加热到 40 ℃,再在搅拌下慢慢地加入 50 mL 40 ℃左右的乙酸缓冲液,直到 pH 达到 4.8 左右,将悬浮液冷却至室温,放置 5 min)。

3.将溶液用细布过滤,分别收集沉淀和滤液。沉淀悬浮于 30 mL 乙醇中,倾于布氏漏斗中,过滤除去乙醇溶液,抽干。将沉淀从布氏漏斗中移出,在表面皿上摊开以除去乙醇,干燥后得到的是酪蛋白。准确称重。

2)等电点沉淀法制备乳蛋白素

1.将制备酪蛋白操作步骤 3 所得滤液置于 100 mL 烧杯中,一边搅拌,一边利用 pH 计以浓盐酸调整 pH 至 3±0.1。

2.将溶液倒入离心管中,6 000 r/min 离心 15 min,倒掉上层液。

3.在离心管内加入 10 mL 去离子水,振荡,使管内下层物重新悬浮,并以 0.1 mol/L 氢氧化钠溶液调整 pH 至 8.5~9.0(以 pH 试纸或 pH 计判定),此时大部分蛋白质均会溶解。

4.将上述溶液以 6 000 r/min 离心 10 min,上层液倒入 50 mL 烧杯中。

5.将烧杯置于磁搅拌加热板上,一边搅拌,一边利用 pH 计以 0.1 mol/L 盐酸调整 pH 至 3±

0.1。

6.将上述溶液以 6 000 r/min 离心 10 min,倒掉上层液。取出沉淀干燥,并称重。

【结果与讨论】

1.计算出每 100 mL 牛乳中制备出的酪蛋白重量,并与理论产量(3.5 g)相比较,求出实际获得率(%)。

2.计算出 100 mL 牛乳所制备出的乳蛋白素重量。

3.讨论影响得率的因素有哪些?

实训项目 7　离子交换层析分离氨基酸

【实训目的】

1.进一步掌握离子交换层析技术的原理。

2.掌握离子交换层析的基本操作技术。

【实训原理】

离子交换层析是利用离子交换树脂剂与待分离带电荷的离子组分静电亲和力的不同而将各组分分离开来的技术。氨基酸属两性化合物,当溶液 pH 低于其等电点时,氨基酸带正电;反之,带负电。本实训中,3 种氨基酸组分在 pH=1 的溶液中都带正电荷,用 H 型阳离子交换剂分离时,各组分依据其带电荷多少及带电离子的理化性能不同,导致离子交换剂对各离子的吸附力大小不同,从而得以分离。分离的各氨基酸组分(都属于芳香族氨基酸)在 280 nm 有紫外吸收,利用紫外检测仪检测,分段进行收集,得到各氨基酸纯品。

【实训器材】

1.仪器设备:层析柱(1.5 cm×20 cm)、装柱漏斗、烧杯(250 mL)、试管及试管架、蠕动泵、梯度洗脱仪、检测器、记录仪。

2.材料:2 mol/L NaOH、2 mol/L HCl、0.1 mol/L HCl、50% 乙醇(体积分数)、氨基酸混合液(溶解苯丙氨酸、色氨酸和酪氨酸在 0.1 mol/L HCl 中,每种氨基酸的浓度各为 2 mg/mL)、732# 离子交换树脂。

【实训步骤】

1.树脂处理。将 732# 商品树脂用热水浸泡数小时,然后用大量的去离子水洗至澄清,沥干,用乙醇浸泡数小时,再用水洗至无味;用 2 mol/L NaOH 浸泡 2 h,水洗至中性,再用 2 mol/L HCl 浸泡 2 h,水洗至中性;最后用 0.1 mol/L HCl 洗涤,并悬浮于其中。

2.装柱。将层析柱固定在层析台上,向柱内装入 1/3 蒸馏水,并排除下端出口处气泡,留少量蒸馏水在柱内,关闭柱下端阀门;然后将装柱漏斗与层析柱上端连接,沿漏斗把树脂装入柱内,并同时打开柱下端阀门,使树脂逐渐均匀地沉积在柱内,装柱高度约 15 cm,当树脂沉降完毕并液面高于树脂约 1 cm 时,关闭下端阀门,移去漏斗,将柱上端盖头以与液面稍倾斜方向沿柱压下与树脂床层紧密接触(柱内液体和液面上空气沿盖头中间空隙向上排出),拧紧并固定盖头;开启蠕动泵,打开下端阀门,用 0.1 mol/L HCl 溶液以 2 mL/min 平衡速度平衡柱床至树脂床体积不再减小,下移盖头至与床层紧密接触,关闭下端阀门,拧紧并固定盖头。注意柱要均匀,床面必须浸没于液体中,否则空气进入柱中影响分离效果。

3.上样和洗脱。用蠕动泵把 1 mL 氨基酸混合液加到柱上,再用 2 个柱床体积的0.1 mol/L HCl 洗柱,最后用线性范围 0.1~1 mol/L 溶液对柱进行线性梯度洗脱,洗脱速度1 mL/min。洗脱液经紫外检测仪检测并用记录仪画出层析曲线,检测波长 280 nm。

4.样品收集。根据记录仪画出的层析曲线,按峰收集。

5.树脂再生。树脂用后使其恢复原状的方法叫作再生。用过的树脂应立即进行再生,这样可以反复使用。将树脂倒入烧杯,用蒸馏水漂洗(或抽滤)至中性,再用 2 mol/L HCl 溶液漂洗(或抽滤)至强酸性(pH=1 左右),然后用蒸馏水洗至中性即可再用。

【结果与讨论】

1.根据记录仪画出的层析曲线讨论组分分离状况。

2.讨论本实验的注意事项。

实训项目 8　透析法去除蛋白质溶液中的无机盐

【实训目的】

1.学习透析的原理。

2.掌握透析技术的操作。

【实训原理】

透析是利用蛋白质分子不能通过半透膜的性质,使蛋白质和其他小分子物质如无机盐、单糖等分开。常用的半透膜是玻璃纸或称塞璐玢纸、火棉纸或称塞璐玢纸和其他改型的纤维素材料。透析时把待纯化的蛋白质溶液装在半透膜的透析袋里,放入透析液(蒸馏水或缓冲液)中进行,透析液可以更换,直至透析袋内无机盐等小分子物质降低到最小值为止。

【实训器材】

1.仪器设备:透析管或玻璃纸、烧杯、玻璃棒、电磁搅拌器、试管及试管架。

2.材料:蛋白质的氯化钠溶液(3 个除去卵黄的鸡蛋清与 700 mL 水及 300 mL 饱和 NaCl 溶液混合后,用数层纱布过滤即得)、10%硝酸溶液、1%硝酸银溶液、10%氢氧化钠溶液、1%硫酸铜溶液。

【实训步骤】

1.卵清蛋白溶液加 10%$CuSO_4$ 和 10%NaOH,进行双缩脲反应。

2.在透析管(或玻璃纸装入蛋白质的氯化钠溶液后扎成袋形,系于一横放在烧杯中的玻璃棒上)中装入 10~15 mL 蛋白质的氯化钠溶液,并放在盛有蒸馏水的烧杯中。

3.1 h 后,自烧杯中取水 1~2 mL,加 10%HNO_3 溶液数滴使成酸性,再加入 1%$AgNO_3$1~2滴,检验氯离子的存在。

4.从烧杯中取水 1~2 mL 水,进行双缩脲反应,检验是否有蛋白质的存在。

5.不断更换烧杯中的蒸馏水(并用电磁搅拌器不断搅动蒸馏水),加速透析过程。

6.数小时后,从烧杯中的水中不再能检出氯离子。此时,停止透析并检查透析袋内容物是否有蛋白质或氯离子存在(此次应观察到透析袋中球蛋白沉淀的出现,这是因为球蛋白不溶于纯水的缘故)。

【结果与讨论】

1.如何检查透析袋内容物是否有蛋白质或氯离子存在?

2.检验氯离子的存在时为什么要加 10%HNO₃ 数滴?

实训项目 9 结晶法提纯胃蛋白酶

【实训目的】

掌握胃蛋白酶的提纯及活力测定方法。

【实训原理】

药用胃蛋白酶是胃液中多种蛋白水解酶的混合物,含有胃蛋白酶、组织蛋白酶、胶原蛋白酶等,为粗制的酶制剂。临床上主要用于因食蛋白性食物过多所致的消化不良,以及病后恢复期消化机能减退等。胃蛋白酶广泛存在于哺乳类动物的胃液中,药用胃蛋白酶系从猪、牛、羊等家畜的胃黏膜中提取。胃蛋白酶是具有生物活性的大分子物质,其活性很容易受到有机溶剂的破坏,所以采用结晶法提纯胃蛋白酶,可以大大提高胃蛋白酶的活性。

【实训器材】

1.仪器设备:烧杯、玻璃棒、试管、水浴锅、旋转蒸发仪、真空干燥箱、可见分光光度计、研钵。

2.材料:猪胃黏膜、盐酸、硫酸、纯化水、氯仿、5%三氯醋酸、血红蛋白试液、硫酸镁。

【实训步骤】

1.酸解、过滤。在烧杯内预先加水 500 mL,加盐酸,调 pH 至 1.0~2.0,加热至 50 ℃时,在搅拌下加入 1 kg 猪胃黏膜,快速搅拌使酸度均匀,45~48 ℃,消化 3~4 h。用纱布过滤除去未消化的组织,收集滤液。

2.脱脂、去杂质。将滤液降温至 30 ℃以下用氯仿提取脂肪,水层静置 24~48 h。使杂质沉淀,分出弃去,得脱脂酶液。

3.结晶、干燥。加入乙醇中,使乙醇体积为 20%,加 H_2SO_4 调 pH 至 3.0,5 ℃静置 20 h 后过滤,加硫酸镁至饱和,进行盐析。盐析物再在 pH 3.8~4.0 的乙醇中溶解,过滤,滤液用硫酸调 pH 值至 1.8~2.0,即析出针状胃蛋白酶。沉淀再溶于 pH 4.0 的 20%乙醇中,过滤,滤液用硫酸调 pH 值至 1.8,在 20 ℃放置,可得板状或针状结晶。真空干燥,球磨,即得胃蛋白酶粉。

4.活力测定。胃蛋白酶系药典收载药品,按规定每克胃蛋白酶应至少能使凝固卵蛋白 3 000 g 完全消化。在 109 ℃干燥 4 h,减重不得超过 4%。每克含糖胃蛋白酶中含蛋白酶活力不得少于标示量。

取试管 6 支,其中 3 支各精确加入对照品溶液 1 mL,另 3 支各精确加入供试品溶液 1 mL,摇匀,并准确计时,在 37 ℃±0.5 ℃水浴中保温 5 min,精确加入预热至 37 ℃±0.5 ℃的血红蛋白试液 5 mL,摇匀,并准确计时,在 37 ℃±0.5 ℃水浴中反应 10 min。立即精确加入 5%三氯醋酸溶液 5 mL,摇匀,滤过,弃去初滤液,取滤液备用。另取试管 2 支,各精确加入血红蛋白试液 5 mL,置 37 ℃±0.5 ℃水浴中,保温 10 min,再精确加入 5%三氯醋酸溶液 5 mL,其中 1 支加盐供试品溶液 1 mL,另一支加酸溶液 1 mL,摇匀,过滤,弃去初滤液,取续滤液,分别作为对照管。按照分光光度法,在波长 275 nm 处测吸收度,算出平均值 A_s 和 A,按下式计算:

$$每克含蛋白酶活力 = \frac{A \times W_s \times n}{A_s \times W \times 10 \times 181.19}$$

式中　A——供试品的平均吸收值;

　　　A_s——对照品的平均吸收值;

　　　W——供试品取样量,g;

　　　W_s——对照品溶液中含酪氨酸的量,$\mu g/mL$;

　　　n——供试品稀释倍数;

　　　181.19——酪氨酸分子量。

【结果与讨论】

哪些因素是直接影响形成晶体的主要原因?

实训项目 10　人工牛黄的真空干燥

【实训目的】

掌握真空干燥除去人工牛黄中溶剂的方法。

【实训原理】

人工牛黄具有明显的解热作用,且强于牛黄。目前,所用的人工牛黄制品中大多含乙醇等有机溶剂,可以利用真空干燥的方法将人工牛黄中的有机溶剂除去。

【实训器材】

1.仪器设备:圆底烧瓶、冷凝管、烧杯、水浴、抽滤装置、真空干燥箱、电子天平等。

2.材料:人工牛黄、75%乙醇、95%乙醇、活性炭。

【实训步骤】

1.溶解。取粗胆汁酸干品放入圆底烧瓶或反应器中,加入 0.75 倍 75%乙醇,加热回流至固体物全部溶解,再加 10%~15%活性炭回流脱色 15~20 min,趁热过滤。

2.洗涤与结晶。滤液用冰水浴冷却至 0~5 ℃,再放置 4 h 以上,使胆酸结晶析出,然后抽滤,并用适量乙醇洗涤结晶,抽干后,得胆酸粗结晶。

3.真空干燥。将上述粗结晶胆酸再置脱色反应瓶中,加 4 倍量的 95%乙醇溶解,然后蒸馏回收乙醇,至总体积为原体积的 1/4 后,先用冷水浴将其冷却至室温,接着用冰水浴冷却至 0~5 ℃。

结晶 4 h 后,在布氏漏斗上真空过滤。抽干后,结晶用少量冷的 95%乙醇洗涤 1~2 次。再次抽干,结晶在 70 ℃真空干燥箱中干燥至恒重,即得胆酸精制品。

4.计算得率。称量并计算得率。

【结果与讨论】

人工牛黄的性质与提取时的注意事项有哪些?

参考文献

[1] 欧阳平凯,胡永红,姚忠.生物分离原理及技术[M].2 版.北京:化学工业出版社,2010.

[2] 张爱华,王云庆.生化分离技术[M].北京:化学工业出版社,2012.

[3] 邱玉华.生物分离与纯化技术[M].北京:化学工业出版社,2011.

[4] 陈芬,胡丽娟.生物分离与纯化技术[M].武汉:华中科技大学出版社,2012.

[5] 付晓玲.生物分离与纯化技术[M].北京:科学出版社,2012.

[6] 王玉亭.生物反应及制药单元操作技术[M].北京:中国轻工业出版社,2014.

[7] 姜淑荣.啤酒生产技术[M].北京:化学工业出版社,2012.

[8] 黄亚东.啤酒生产技术[M].北京:中国轻工业出版社,2014.